高等职业教育系列教材

HTML5+CSS3 网页设计

黄　源　杜柏村　罗少甫　编著

机 械 工 业 出 版 社

HTML5+CSS3 是当今网页设计的主流技术，本书全面介绍了 HTML5 的新功能及 CSS3 样式表的设计方式，并将 HTML5+CSS3 技术贯穿于网页设计实际应用之中。

本书将理论与实践操作相结合，通过大量的案例帮助读者快速了解和应用 HTML5 网页设计相关技术。本书共分为 8 章，分别介绍了 HTML5 语言基础知识概述、CSS 技术概述、HTML5+CSS 网页布局设计、HTML5 表单设计、音频与视频设计、画布设计、拖放设计等内容。本书最后是综合案例，以帮助读者巩固所学知识。

本书适合作为高职高专院校相关专业学生的教材，可也供广大网页设计爱好者自学使用。

为方便教学，本书提供重点、难点、微课视频，扫描书中二维码即可观看。另外，本书配有授课电子课件、源代码和习题答案，需要的教师可登录 www.cmpedu.com 免费注册、审核通过后下载，或联系编辑索取（QQ：1239258369，电话：010-88379739）。

图书在版编目（CIP）数据

HTML5+CSS3 网页设计 / 黄源，杜柏村，罗少甫编著. —北京：机械工业出版社，2018.4（2020.8 重印）

高等职业教育系列教材

ISBN 978-7-111-59436-9

Ⅰ. ①H… Ⅱ. ①黄… ②杜… ③罗… Ⅲ. ①超文本标记语言－程序设计－高等职业教育－教材②网页制作工具－高等职业教育－教材

Ⅳ. ①TP312.8 ②TP393.092.2

中国版本图书馆 CIP 数据核字（2018）第 050872 号

机械工业出版社（北京市百万庄大街 22 号　邮政编码 100037）

策划编辑：鹿　征　　责任编辑：鹿　征

责任校对：张艳霞　　责任印制：常天培

北京捷迅佳彩印刷有限公司印刷

2020 年 8 月第 1 版・第 3 次印刷

184mm×260mm・14.25 印张・346 千字

4801－5800 册

标准书号：ISBN 978-7-111-59436-9

定价：42.00 元

电话服务

客服电话：010-88361066

010-88379833

010-68326294

网络服务

机　工　官　网：www.cmpbook.com

机　工　官　博：weibo.com/cmp1952

金　　书　　网：www.golden-book.com

机工教育服务网：www.cmpedu.com

前　　言

目前，HTML5+CSS3 技术已经成为了移动端网页设计的主流技术，各大厂商纷纷推出支持 HTML5 的浏览器和应用程序。

本书以“理论—实践操作”相结合的方式深入讲解了 HTML5+CSS3 网页开发相关技术，在内容设计上，既有上课时老师的讲述部分，包括详细的理论与典型的案例；又有课堂中的“想一想”“练一练”环节，双管齐下，极大地激发学生在课堂上的学习积极性与主动创造性，让学生在课堂上跟上老师的思维，从而学到更多有用的知识和技能。同时在每章的结束有实训题，通过典型题目让读者将该章知识点转换为实际工作中所需要的相关技能。

全书共分 8 章，第 1 章介绍 HTML5 基础知识；第 2 章介绍 CSS 技术概述；第 3 章介绍 HTML5+CSS 网页布局设计；第 4 章介绍 HTML5 表单设计；第 5 章介绍音频与视频设计；第 6 章介绍画布设计与 SVG 画图；第 7 章介绍 HTML5 拖放设计；第 8 章介绍网页制作综合案例。

本书特色如下：

（1）采用“理实一体化”的讲解方式，课堂上既有知识点的讲述又有读者独立思考、上机操作的内容。

（2）丰富的教学案例，包含了书中的源代码，教学课件、习题答案、每章的微课录像等多种教学资源。微课视频可通过扫描书中二维码直接观看，方便教师教学和学生自学。

（3）紧跟时代潮流，注重技术变化，书中包含了最新的响应式布局开发相关知识及 HTML5 拖放知识。

本书由黄源、杜柏村、罗少甫编著。其中黄源编著了第 1、3、6 和 8 章；杜柏村编著了第 5 和 7 章；罗少甫编著了第 2 和 4 章。重庆航天职业技术学院徐受蓉教授对书中内容进行了审阅。全书由黄源负责统稿工作。

在编写过程中，编者参阅了大量的相关资料，在此表示感谢！

由于编者水平有限，书中难免出现疏漏之处，衷心希望广大读者批评指正！

编　者

目 录

第 1 章　HTML5 基础知识

本章要点

- HTML 介绍
- HTML5 标准
- HTML5 语法
- HTML5 常用元素
- HTML5 浏览器的支持

1.1　HTML 简介

HTML 简介

1.1.1　HTML 历史

HTML（超文本标记语言）来源于 SGML（通用标记语言），是一种用于处理 Web 数据的结构化语言。SGML 最早由 IBM 公司的技术人员开发，它以结构化的方式来描述计算机中的电子文档。HTML 诞生于 20 世纪 90 年代初，它使用了 SGML 中的一部分标记，在经历了多个版本的变化后，最终由 W3C 联盟掌握了 HTML 语言的标准修改方案，制定了一系列的标准，从而极大程度地推动了因特网及其应用的发展。

W3C 代表的是万维网联盟，它创建于 1994 年，致力于实现 Web 的标准化运行及多项新技术的发布与推广，其中最重要的规范为 HTML、XML 与 CSS。

HTML 的出现给 Web 带来了一股新风气，它使用标记来指明文本的不同内容，描述在 Web 中出现的元素，包含文本、图像、声音及视频等。

HTML 的主要特点如下：

- 通过超链接联系所有的页面，改变了 Web 页面以往单一的线性顺序方式，页面在 Web 中能够随意跳转，超链接技术也是 Web 中的一大突破。
- 通过标记处理网页中的各种信息，不同于传统的编程语言，HTML 标记是一种解释性的语言，在 HTML 中标记的使用是固定的，常见的标记仅有几十个，易学易懂，并且语法要求不严格，源代码能够直接被浏览器所识别。
- 通过与 CSS 样式表相结合使用，能够实现网页中内容与排版的分离，提高网页开发效率，降低网页维护工作量。

正是由于 HTML 的以上优点，它发展迅速，并极大地促进了万维网的发展，使互联网遍历世界各地，改变了人们的生活方式。

图 1-1 显示了 HTML 标记语言的发展。

HTML ⟶ HTML2 ⟶ CSS1 ⟶ HTML4 ⟶ CSS2 ⟶ HTML5 ⟶ CSS3

图 1-1　HTML 标准发展

1.1.2　HTML 标记介绍

HTML 标记以<>尖括号开始，以</>结束，中间为标记内容。文档以<HTML></HTML>标记表示网页文档的起止，以<head></head>标记表示网页的头部内容，以<body></body>标记表示网页的正文部分。常见的 HTML 文档书写结构如下：

```
<html>
<head>
<title>标题</title>
</head>
<body>
正文
<body>
</html>
```

值得注意的是：“<”“>”与标记名之间不能有空格或者其他字符。HTML 主要包含以下标记。

1．HTML 头部标记<head>

HTML 中的头部标记使用成对的<head></head>来描述网页中的头部相关信息。其中包含网页标题标记<title>和网页元数据标记<meta>。

（1）<title>标记

title 元素用于显示该网页的标题，常见语法如下：

```
<head>
<title>网页标题</title>
</head>
```

（2）<meta>标记

meta 元素提供了该网页的元信息，并且只能位于<head>内部。它本身定义的信息不会出现在网页中，而是在原文件中显示，一个<head>中可以包含多个 meta。meta 标记常见语法如下：

```
<head>
<meta http-equiv="Content-Type" content="text/html; charset=UTF-8" />
<meta name="format-detection" content="telephone=no" />
<meta name="keywords" content="最佳购物" />
<meta name="description" content="购物更舒畅！" />
</head>
```

其中语句 http-equiv="Content-Type"告知浏览器这是一个 HTML 文档，语句 name="keywords"及 name="description"描述该网页头部中的关键字信息，便于网络中对该网页文档的搜索。

2．HTML 正文部分标记<body>

HTML 网页的主体内容通常包含在<body></body>之间，在网页中显示的文本、视频、图像、表格、表单、动画等各种元素都包含在 body 元素中。body 标记常见语法如下：

```
<body>
正文
...
...
</body>
```

学习 HTML 需要了解 HTML 的文档格式，掌握标记的使用方法，表 1-1 列出了 HTML 中的常用标记并给出其功能。表中标记用大写字母以便区分，实际使用时常用小写字母。

表 1-1　HTML 常用标记及其功能

标　记	功 能 说 明
HTML	文件类型标记
HEAD	文件头标记
BODY	文档正文标记
BGCOLOR	设置页面背景颜色
TEXT	设置页面的默认文字
BACKGROUND	设置页面背景图像
A	超链接标记
H	设置不同大小的标题文字
IMG	图像标记
DIV	层标记
P	分段标记
HR	水平线标记
UL	无序列表标记
OL	有序列表标记
FORM	表单标记
TABLE	表格标记
FRAMESET	框架标记
FONT	设置字体
BR	分行标记
ALIGN	设置层对齐
CENTER	设置内容为居中
TITLE	标题标记
B	标识粗体文字块
LI	项目列表

【例 1-1】 制作 HTML 标记的网页，在浏览器中显示如图 1-2 所示。

小池

泉眼无声惜细流， 树阴照水爱晴柔。 小荷才露尖尖角， 早有蜻蜓立上头。

图 1-2 HTML 网页

代码如下：

```
<html>
<head>
<title>诗歌</title>
</head>
<body>
<h1>小池</h1>
<hr>
<p>
泉眼无声惜细流，
树阴照水爱晴柔。
小荷才露尖尖角，
早有蜻蜓立上头。
</p>
</body>
</html>
```

在该例中，head 标记表示网页的头部，title 标记表示网页的标题，body 标记表示网页的正文部分，h1 标记表示正文中标题的字体大小，hr 标记表示水平线，p 标记表示分段，在浏览器中显示时 head 元素中的内容不会出现在网页正文中。

HTML 概述

1.2 HTML5 概述

1.2.1 HTML5 特点及语法介绍

1．HTML5 特点

HTML 的出现推动了万维网的快速发展，但是随着互联网应用的不断变化，HTML 暴露出了种种弊端，不能再满足未来网络的需要。具体来讲，HTML 的缺点主要包含以下几点：

- 标准不统一，扩展困难。
- 标记固定，语义性较差，对多媒体应用不够，对移动设备支持力度不大，网页布局不够清晰明了。

为了彻底解决上述问题，2004 年，W3C 提出了 HTML5 方案。该方案表明它是 HTML 的下一个主要版本，于 2008 年 1 月正式公布第一份草案，并指出 HTML5 有两大主要特点。

- 强化了网页的表现功能，对网页中的音频、视频、动画等标签有了更多的支持。
- 增加了网页对移动端的处理能力，对手机端的触摸与移动功能支持力度加大，并改善了本地数据库等网页功能，包含信息存储、本地定位等。

因此所谓的 HTML5，实际上是一个包含了 HTML、CSS、JavaScript 等在内的多种技术的组合，其中 HTML 和 CSS 主要负责页面的搭建，而 JavaScript 负责逻辑处理。它在图形处理、动画制作、视频播放、网页应用、页面布局等多个方面给网页结构带来了巨大的改变。HTML5 的目标是取代 HTML4 以及 XHTML1.0 标准，降低网页对插件的依赖，如 Flash 等软件的应用，将网页带入一个成熟的应用平台，实现各种设备的互联与应用，更好地满足人们的需求。

与 HTML4 相比，HTML5 主要变化如下：

- 取消了一些过时的 HTML4 标记，如包含显示效果的标记<font>等，已经被 CSS 所取代，<u>、<strike>等标记则被完全去掉。除此之外，在 HTML5 中加入了大量的新标记，如<nav>、<footer>、<section>、<article>、<aside>等，以便在制作网页时使用新标记进行全新的布局设计。
- 加入了全新的表单输入对象，例如<date>、<time>、<email>、<url>等标记，进行新的表单控件开发。
- 强化了 Web 页面的表现性，增加了本地数据库特性。HTML5 支持语义化标记，支持网页中的多媒体属性，并引入了新的音频标记 audio 和视频标记 video。在数据存储中对本地离线存储有了更好的支持。
- 引入 Canvas 画布的概念，通过使用 Canvas 画布和 SVG 技术实现在网页中二维图形的绘制。
- 用户无需安装插件，HTML5 取代 Flash 在移动设备的地位。
- 采用了开放的标准与技术，加强了浏览器中的异常处理。

上述特点决定了 HTML5 能够解决许多 Web 中不能逾越的问题，前途一片光明。

但是同时 HTML5 目前还存在以下问题亟待解决：

- HTML5 开发应用性能较差，启动较慢。
- HTML5 对浏览器兼容性参差不齐，导致部分 HTML5 应用无法跨平台。
- 目前在市场上 HTML5 还缺少优秀的开发工具。

2. HTML5 语法介绍

HTML5 标记的书写和 HTML 之前的语法基本一致，在书写中注意以下几点：

- 标记采用大小写都可以。
- 标记要正确封闭。
- 如果需要显示中文，需设置编码格式。
- 属性的双引号可选。

此外在 HTML5 中有着丰富的语义结构标记，与 HTML4 不同，它的书写更加简洁与高效。在 HTML5 出现前，人们书写网页时常常会出现如下的代码：

<!DOCTYPE HTML PUBLIC "-//W3C//DTD HTML 4.01 Transitional//EN" "http://www.w3.org/TR/html4/loose.dtd">该语句用来表示文档的类型声明和介绍该文档要符合 HTML 规范。

HTML5 重新规范了网页的书写方式，简化了这一约定，使用如下语法：

```
<!DOCTYPE html>
```

需要指出的是：

- 在 HTML 4.01 中，<!DOCTYPE> 声明引用 DTD，因为 HTML 4.01 基于 SGML。DTD 规定了标记语言的规则，这样浏览器才能正确呈现内容。而 HTML5 不基于 SGML，所以不需要引用 DTD。
- 每一个 HTML5 文档必须 DOCTYPE 元素开头。<!DOCTYPE HTML> 告诉浏览器处理的是 HTML 文档。
- <!DOCTYPE> 声明没有结束标记。
- <!DOCTYPE> 声明对大小写不敏感。

【例 1-2】 制作 HTML5 标记的网页，在浏览器中显示如图 1-3 所示。

我的第一个标题

我的第一个段落。

图 1-3　HTML5 网页

代码如下：

```
<!DOCTYPE html>
<html lang="zh">
<head>
<title>这是我的网页</title>
</head>
<body>
<h1>我的第一个标题</h1>
<p>我的第一个段落。</p>
</body>
</html>
```

该例是一个使用 HTML5 标记开发的网页，用语句<!DOCTYPE html>表示。

值得注意的是：lang="zh"语句用来设置文档的主语言，对于中文网页，HTML5 标记应当是 zh。

此外，在 HTML5 出现前，页面中的编码格式一般写成如下格式：<meta http-equiv="Content-Type" content="text/html;charset=utf-8" />，该语句出现在“meta”标记中，能够被浏览器所识别。

在 HTML5 出现后，对字符集做了简化，书写为：<meta charset=utf-8">，以此提高了浏览器的运行效率。

需要指出的是：

- HTML5 推荐使用 utf-8 字符集。
- 使用 meta 标记确认字符集编码。

练一练

书写一个 HTML5 网页并在浏览器中显示。

1.2.2 HTML5 页面布局及新元素介绍

HTML5 页面布局及新元素介绍

1. HTML5 页面布局元素介绍

HTML5 页面布局与传统的 Web 页面有所区别，HTML5 页面布局方式如图 1-4 所示。

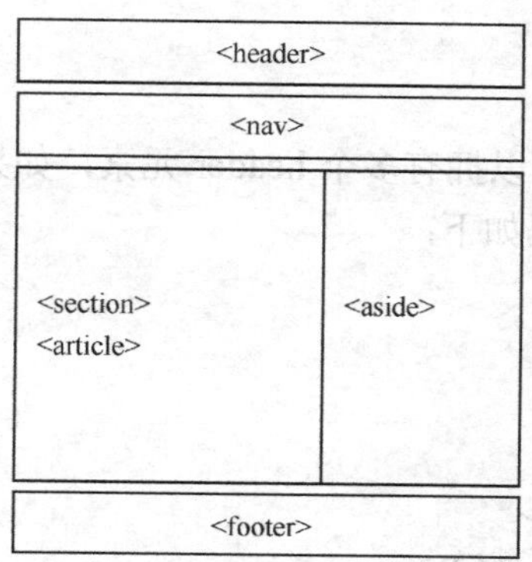

图 1-4 HTML5 布局

图 1-4 中， HTML5 的布局把整个页面分成了 5 个区域，分别如下。

- <header>：页面标题区域，用于表示区域内的个体标题，可用在整个文档中，也可以在局部使用。
- <nav>：页面导航区域，专门放置网页中菜单导航和链接导航的区域。
- <section>与<article>：页面主内容区域，网页中的主要内容部分，用于放置网页的主要内容，也可以嵌套放置其他标记。
- <aside>：页面侧内容区域，与 section 相似，也用于放置网页内容。
- <footer>：页面页脚区域，网页最底部的区域，用于放置作者信息、用户导航、联系方式以及广告插入等内容。

通过页面布局元素标记描述对应的页面区域，这样使用 HTML5 开发的网页结构更加清晰明了。

【例 1-3】 制作使用 HTML5 新布局元素布局网页。

```
<!DOCTYPE html>
<html>
<head>
<title>这是 HTML5 网页</title>
</head>
<body>
<header></header>
<hgroup></hgroup>
<nav></nav>
<article></article>
<section class="intros"></section>
<aside class="content"></aside>
<footer></footer>
</body>
</html>
```

布局元素详细介绍如下。

（1）header 元素

header 元素用来放置页面内的一个内容区块的标题，header 区域代码如下：

```
<header>
<h1>HTML5 页面</h1>
</header>
```

值得注意是：一个页面中可以拥有多个 header 元素，如果将页面分为多个区域，可以为每个区域加入 header 元素。代码如下：

```
<header>
<h1>HTML5 页面</h1>
</header>
<section class="content">
<header>文章标题</header>
<p>这是网页的主要内容区域</p>
</section>
```

（2）hgroup 元素

hgroup 区域用于对网页的标题进行组合，通常它与 h1～h6 元素组合使用，一般将<hgroup>元素放在<header>元素中，代码如下：

```
<hgroup>
<h2>网页元素</h2>
<h2>group 元素</h2>
</hgroup>
```

值得注意的是：如果只有一个标题元素则不建议使用 hgroup 元素。

（3）nav 元素

nav 元素用于定义导航链接，该元素将具有导航的链接放在同一个区域中，并且一个页面可以拥有多个 nav 元素。HTML5 页面导航区域 nav 部分代码如下：

```
<div id="menu">
<ul>
<li><a href="#" class="top">Home</a><a href="#">首页</a></li>
<li><a href="#" class="top">News</a><a href="#">新闻</a></li>
<li><a href="#" class="top">Sports</a><a href="#">体育</a></li>
<li><a href="#" class="top">Contact</a><a href="#">联系方式</a></li>
<li><a href="#" class="top">Logo</a><a href="#">博客</a></li>
</ul>
</div>
```

这里使用 ul 无序列表作为导航的结构。设置 id="menu"是为了 CSS 样式表引用。

（4）article 元素

article 区域用于定义独立的内容，如一篇完整的文章及对应的评论等，代码如下：

```
<article>
<header>
```

```
<h1>我的HTML5页面</h1>
</header>
<hgroup>
<h2>网页元素</h2>
<h2>group 元素</h2>
</hgroup>
<p>HTML5 新元素</p>
</article>
```

该段代码描述了 article 区域，该区域包含一个 header 元素和一个 hgroup 元素。

（5）section 元素

section 元素可用于划分文档的节，包含与主题相关的内容。节通常包含标题和其他子元素。section 区域代码如下：

```
<section class="content">
<p>这是网页的主要内容区域</p>
</section>
```

也可以写成如下的复杂形式：

```
<section id="sidebar">
<h2>Section</h2>
<header>
<h2>Side   Header</h2>
</header>
<nav>
<h3>dao hang </h3>
<ul>
<li><a href="2017/04">2014</a></li>
<li><a href="2017/03"> 2015</a></li>
<li><a href="2017/02"> 2016</a></li>
<li><a href="2017/01"> 2017</a></li>
</ul>
</nav>
</section>
```

值得注意的是，在 section 中可以包含任意的内容。

（6）aside 元素

aside 元素用来表示当前页面的附加信息，aside 区域代码如下：

```
<aside>
<h3>welcome</h3>
<ul>
<li><a href="#">HTML5 标记</a></li>
</ul>
</aside>
```

（7）footer 元素

footer 元素用来描述页面的页脚区域，footer 区域代码如下：

```
<footer class="foot">
<h2>Footer</h2>
</footer>
```

同样可以写成如下的复杂形式：

```
<footer>
<section id="part1">
<h2>关于</h2>
</section>
<section id="part2">
<h2>联系</h2>
</section>
<section id="part3">
<h2>友情链接</h2>
</section>
<section id="part4">
<h2>版权所有</h2>
</section>
</footer>
```

上述代码在通过 CSS 样式表修饰后即可在支持 HTML5 的浏览器上显示网页效果。

值得注意的是：在一个页面中可以出现多个<header>、<section>、<nav>元素，需要为每一个元素都编写特定的 CSS 样式。

此外，在 HTML5 中，还可以在网页内部放置<main>元素，该元素用于表示网页中的主要内容。常见语法如下：

```
<body>
<header>
<h1>页面</h1>
</header>
   <main>
   <h1>标题</h1>
   <section> </section>
   </main>
   </body>
```

值得注意的是：每一个网页内部只能放置一个<main>元素，并且<main>元素不能放在<article>、<nav>、<footer>、<header>、<aside>内部。

对比 HTML4 和 HTML5 不同的网页布局代码书写方式如下。

- HTML4：

```
<body>
<div id="header">...</div>
<div id="navigation">...</div>
<div id="main">...</div>
<div id="sidebar">...</div>
<div id="footer">...</div>
</body>
```

在 HTML4 中，页面布局常使用大量的<div>标记进行划分区域，并命名不同的区域，如语句“<div id="header">...</div>”表示网页头部区域，语句“<div id="footer">...</div>”表示网页页脚部分区域。

- HTML5：

```
<body>
<header>...</header>
<nav>...</nav>
<div id="main">...</div>
<section>..</section>
<section>..</section>
<footer>...</footer>
</body>
```

在 HTML5 中，页面布局主要使用<header>、<nav>、<section>和<footer>等标记进行设计，也可在其中穿插使用<div>标记。

综上所述，HTML5 改变了以往网页设计的模式，引入了大量的新布局元素使得 Web 页面在结构上变得简单且语义明确。在设计网页时，设计人员应当学会使用新的布局标记设计 HTML 页面。

练一练

将上述代码用记事本编写并保存后用浏览器打开，查看运行结果。

练一练

编写如下网页并运行。该例运用了 HTML5 中标记<head>、<title>、<body>、<h2>、<p>及布局元素<header>、<hgroup>、<article>、<section>、<nav>、<aside>、<footer>。

```
<!DOCTYPE html>
<html>
<head>
<title>这是 HTML5 网页</title>
</head>
<body>
<header>
<h1>HTML5 页面</h1>
</header>
<hgroup>
<h2>网页元素</h2>
<h2>group 元素</h2>
</hgroup>
<article>
<hgroup>
<h2>网页元素</h2>
<h2>group 元素</h2>
</hgroup>
```

```
<p>HTML5 新元素</p>
</article>
<section id="sidebar">
<h2>Section</h2>
<header>
<h2>Side    Header</h2>
</header>
<nav>
<h3>导航</h3>
<ul>
<li><a href="#">2014</a></li>
<li><a href="#"> 2015</a></li>
<li><a href="#"> 2016</a></li>
<li><a href="#"> 2017</a></li>
</ul>
</nav>
</section>
<aside class="content">联系电话</aside>
<footer>版权所有</footer>
</body>
</html>
```

在该例中使用标记<head>表示网页的头部，标记<header>表示网页正文的头部区域；标记<article>表示网页正文部分的标题栏区域，标记<hgroup>、<section>表示网页正文部分的主要栏目区域，标记<footer>表示网页正文部分的页脚区域。

2．HTML5 其他新标签元素介绍

除了上节介绍的布局元素之外，HTML5 还引入了大量的新元素用于对网页的设计。

1）figure：是一种元素的组合，可以带有标题，用于关联独立的流内容，表示网页中的一块独立区域，可用来制作图表、视频和图片。常见语法如下：

```
<figure>
<p>重庆嘉陵江大桥</p>
<img src=" bridge.jpg" width="300" height="270" />
</figure>
```

2）mark：用于标记文本，突出显示文本内容。常见语法如下：

```
<!DOCTYPE html>
<html>
<body>
<p><mark>CSS3</mark>样式表技术</p>
</body>
</html>
```

该例对 mark 标记中的内容“CSS3”作了亮度的改变。

3）datalist：与表单属性 input 配合，定义 input 出现的值。常见语法如下：

```
<!DOCTYPE html>
<html>
```

```
<body>
<input list="city"/>
<datalist id="city">
<option value="中国">
<option value="美国">
<option value="德国">
<option value="韩国">
</datalist>
</body>
</html>
```

4）progress：用于显示页面中的进度条状态。常见语法如下：

```
<!DOCTYPE html>
<html>
<body>
当前下载进度：<progress value=80 max=100></progress>
</body>
</html>
```

运行结果如图 1-5 所示。

当前下载进度：

图 1-5　进度条显示

5）meter：与 progress 类似，主要用于显示网页中一定范围内的值。常见语法如下：

```
<!DOCTYPE html>
<html>
<body>
<p>支持率：</p>
<p>中国:
<meter value="90" optimum="100"    high="100" max="100" ></meter><span>90%</span>
</p>
<p>韩国:
<meter value="10" optimum="100"    high="100" max="100" ></meter><span>10%</span>
</p>
</body>
</html>
```

运行结果如图 1-6 所示。

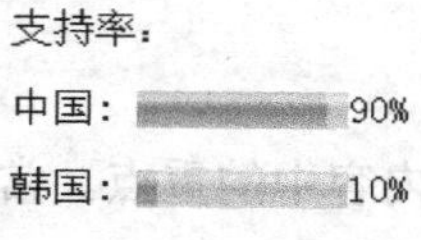

支持率：

中国：90%

韩国：10%

图 1-6　meter 标记

6）video：用于显示视频。常见语法如下：

```
<video src="movie1.ogg" controls="controls">
浏览器不支持
</video>
```

7）audio：用于显示音频。常见语法如下：

```
<audio src="audio1.wav" controls="controls">
浏览器不支持
</audio>
```

8）canvas：中文称为“画布”，主要用于图形的绘制，通过脚本（通常是 JavaScript）来完成。常见语法如下：

```
<!DOCTYPE html>
<html>
<head>
<meta charset="utf-8">
<title>画布</title>
</head>
<body>
<canvas id="myCanvas" width="200" height="100" style="border:1px solid #000000;">
浏览器不支持 HTML5 canvas 标签。
</canvas>
</body>
</html>
```

运行结果如图 1-7 所示。

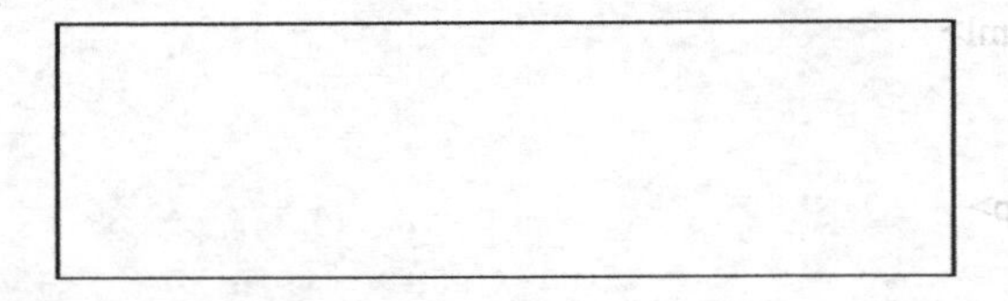

图 1-7　canvas 显示

9）details：用于描述文档部分的细节，常与 summary 元素配合使用。常见语法如下：

```
<details>
<summary>商品显示列表</summary>
<ul>
<li>商品 1</li>
<li>商品 2</li>
</ul>
</details>
```

10）em：为文本添加样式，强调内容中的重点。常见语法如下：

```
<em>强调的文本</em>
```

11）i：为文字添加效果，将文本定义为斜体类型。常见语法如下：

```
<i>斜体文本</i>
```

12）time：该标记用来定义时间，可以代表 24 小时中的某一时间。常见属性值包含以下两种。

- datetime：定义相应的日期或时间。
- pubdate：定义文档的发布日期。

13）cite：用于在文档中创建一个引用标记，作为对文档参考文献的引用说明。常见语法如下：

```
<p>
<cite>故宫博物院</cite>建立于 1925 年。
</p>
```

14）menu：用于定义菜单列表，常用在表单中。常见语法如下：

```
<menu>
<li><input type="checkbox">中国</li>
<li><input type="checkbox">韩国</li>
</menu>
```

15）keygen：用于生成密钥。常见语法如下：

```
加密：<keygen name="security" />
```

练一练

将上述代码用记事本编写并保存后用浏览器打开，查看运行结果。

1.2.3 HTML5 常见元素介绍

1．HTML5 图像和文本标签的应用

（1）图像

在 HTML5 中，图像与文本标签的使用和 HTML4 是一样的。通常使用<img>定义图像标签，属性 src 给出图像的地址，width 和 height 定义图像的宽度和高度，alt 描述图像的相关信息。常见语法如下：

```
<img src="2.jpg" width="128" height="128" alt="人物图像"/>
```

值得注意的是，在 HTML5 不再支持下列属性："align""border""hspace" 以及"vspace"。

（2）文本

对于文本字符，可以将网页中的文本内容直接输入在<body></body>之间，也可在文本中应用下列标记设置文本：标记<p>分段，标记
分行，标记<hr>加入水平线，标记<h1>-<h6>设置文档标题,标记<b></b>设置粗体文字，标记设置文字下标，标记设置文字上标。

【例 1-4】 制作一个纯文本显示的网页，该例使用了<sub>标记。在浏览器中显示如

图 1-8 所示。

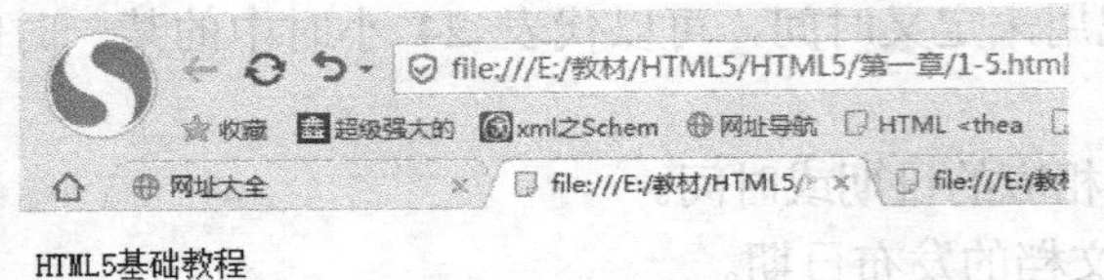

图 1-8　网页中的文本

代码如下：

```
<!DOCTYPE HTML>
<html>
<body>
<p>HTML5 基础教程</p>
<p>H<sub>2</sub>O 是水分子</p>
</body>
</html>
```

（3）图像和文字的排列

【例 1-5】 制作网页中的图文排列，在浏览器中显示如图 1-9 所示。

图 1-9　图像的显示

代码如下：

```
<!DOCTYPE HTML>
<html>
<body>
<img src="1.jpg" width="50" height="50">
<br />
<img src="1.jpg" width="100" height="100">
<br />
<img src="1.jpg" width="200" height="200">
<p>通过改变 img 标签的 "height" 和 "width" 属性的值，放大或缩小图像。</p>
</body>
</html>
```

该例在网页中显示了 3 幅图像，并在图像下方加入了说明性的文字。

（4）网页中背景图像的显示

【例 1-6】 制作网页中的背景图像，在浏览器中显示如图 1-10 所示。

图 1-10 网页中的背景图像

代码如下：

```
<!DOCTYPE HTML>
<html>
<body background="1.jpg">
<h3>图像背景</h3>
<p>gif 和 jpg 文件均可用作 HTML 背景。</p>
<p>如果图像小于页面，图像会进行重复。</p>
</body>
</html>
```

该例用标记 background 实现了背景图像的制作。

2．列表标记

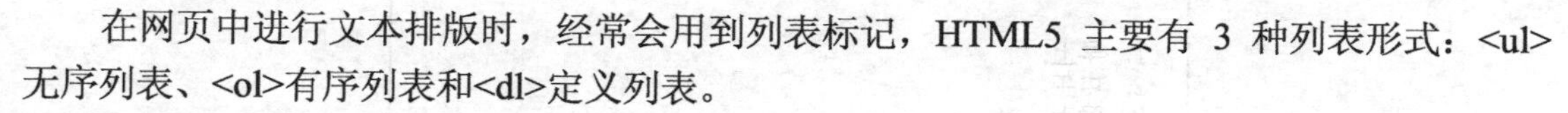

在网页中进行文本排版时，经常会用到列表标记，HTML5 主要有 3 种列表形式：<ul>无序列表、<ol>有序列表和<dl>定义列表。

（1）无序列表

无序列表中的列表项没有顺序，只有项目符号放在最前面。常见语法如下：

```
<ul type="类型">
<li>列表项</li>
<li>列表项</li>
<li>列表项</li>
</ul>
```

在无序列表存在着下列的 type 属性，如表 1-2 所示。

表 1-2 无序列表类型

属 性 值	说 明
disc	默认值，实心圆
circle	空心圆
square	实心正方形

值得注意的是：<ul></ul>表示一个无序列表的开始和结束，<li>表示一个列表项，在<ul>中可以包含多个<li>。一般来说<ul>标记和<li>标记要配合使用，并且在<ul>标记内部不能出现其他的标记。<ol>标记与<dl>标记存在同样的用法。

（2）有序列表

有序列表的列表项排列有顺序，常见语法如下：

```
<ol>
<li>列表项</li>
<li>列表项</li>
<li>列表项</li>
</ol>
```

（3）定义列表

定义列表在列表的各项前没有任何数字和符号，常见语法如下：

```
<dl>
<dt>列表项</dt>
<dd>列表项</dd>
<dt>列表项</dt>
<dd>列表项</dd>
</dl>
```

【例 1-7】 制作列表网页，在浏览器中显示如图 1-11 所示。

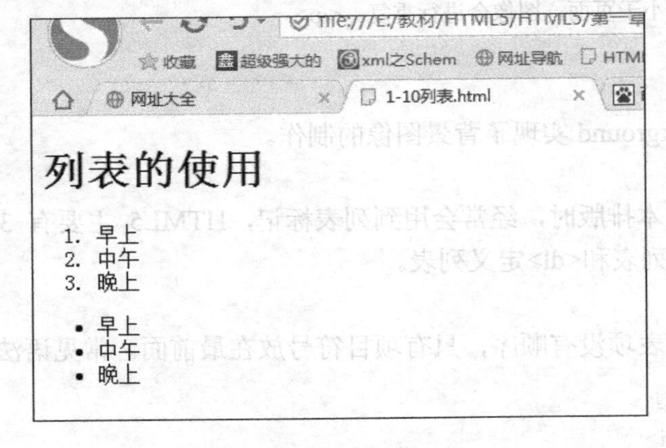

图 1-11　列表的运用

代码如下：

```
<!DOCTYPE HTML>
<html>
<body>
<h1>列表的使用</h1>
<ol>
<li>早上</li>
<li>中午</li>
<li>晚上</li>
```

```
</ol>
<ul>
<li>早上</li>
<li>中午</li>
<li>晚上</li>
</ul>
</body>
</html>
```

该例包含一个有序列表和一个无序列表。

3. 超链接标记

超链接是网站的灵魂，超链接标记是网站中最重要的标记。通过超链接的制作可以让网站中的每个页面相互访问。 超链接标记的常见语法如下：

```
<a href="">内容</a>
```

其中元素<a>表示超链接的开始，</a>表示超链接的结束。属性 href 表示该超链接的链接地址，链接路径必须为 URL 地址，URL 用于标识 Web 或者本地磁盘上的文件，如<a href="http://www.baidu.com">百度</a>，或者<a href="image/1.jpg">图片</a>。前者表示该链接方式为绝对路径，后者表示链接方式为相对路径。也可以将地址设置为空链接，用 href="#"表示。

值得注意的是：在制作超链接时，网页里的任何文字和图像都可以创建相应的链接。

【例 1-8】 制作超链接网页，在浏览器中显示如图 1-12 所示。

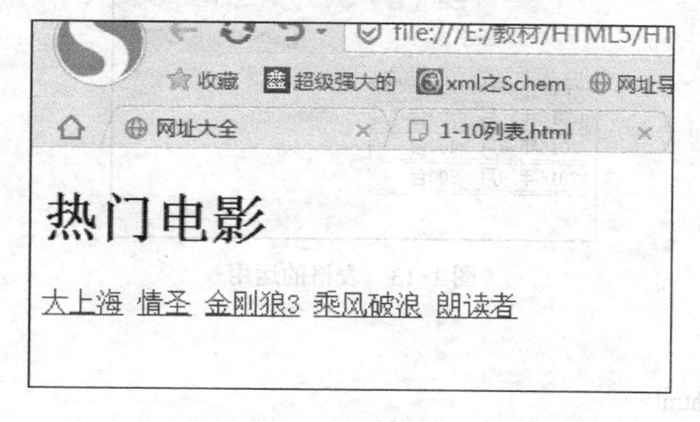

图 1-12 超链接的运用

代码如下：

```
<!DOCTYPE html>
<html lang="zh">
<head>
<title>超链接网页</title>
</head>
<body>
<h1>热门电影</h1>
<a href="#">大上海</a>
<a href="#">情圣</a>
```

```
<a href="#">金刚狼 3</a>
<a href="#">乘风破浪</a>
<a href="#">朗读者</a>
</body>
</html>
```

该例在页面中制作 5 个超链接。

4. 表格标记

在 HTML5 中使用标记<table></table>来定义表格。但是这还不够，要表示一个完整的表格，还需要使用<tr>、<td>、<th>以及<caption>等标记。其中<tr>表示表格的行，<td>表示表格中的单元格，<th>表示表格的列，<caption>表示表格的标题。此外，<table>还保留了一个属性 border 用来设置表格的边框。

使用表格常见的语法如下：

```
<table border="1">
<tr>
<td>...</td>
</tr>
</table>
```

【例 1-9】 制作表格网页，在浏览器中显示如图 1-13 所示。

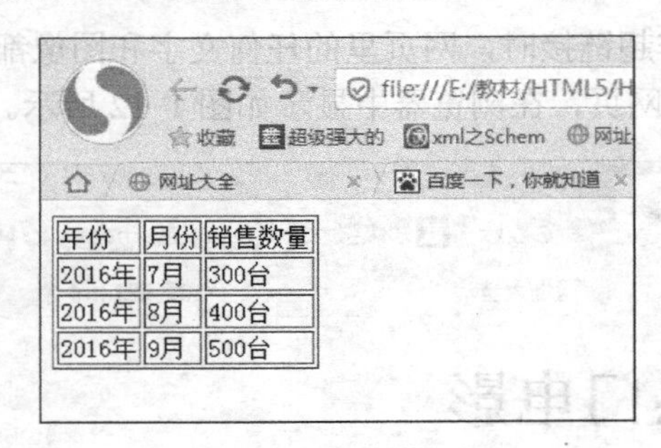

图 1-13 表格的运用

代码如下：

```
<!DOCTYPE html>
<html lang="zh">
<head>
<title>表格网页</title>
</head>
<body>
<table border="1">
<tr>
<td>年份</td>
<td>月份</td>
<td>销售数量</td>
</tr>
<tr>
<td>2016 年</td>
```

```
<td>7 月</td>
<td>300 台</td>
</tr>
<tr>
<td>2016 年</td>
<td>8 月</td>
<td>400 台</td>
</tr>
<tr>
<td>2016 年</td>
<td>9 月</td>
<td>500 台</td>
</tr>
</table>
</body>
</html>
```

该例在网页中用表格显示企业中的销售量。

5．HTML5 标记综合练习

【例 1-10】 制作 HTML5 标记完整的网页，在该例中用<article>标记放置正文内容，其中包含 3 个<section>标记和 1 个页脚<footer>标记。在<section>标记中又包含了<h3>字体标记和<p>段落标记，在<footer>标记中又包含了<h4>和<h5>文字大小标记。

代码如下：

```
<!DOCTYPE html>
<html lang="zh">
<head>
<meta charset="UTF-8">
<title>周润发的电影</title>
</head>
<body>
<article>
<header>
<h1>为什么周润发的角色都那么经典？</h1>
<h2>香港巨星</h2>
</header>
<section>
<h3>section1.周润发电影</h3>
<p>周润发，出生于农村家庭，从小帮母亲打零工贴补家用，生活清苦，却也乐在其中。1965年，即周润发 10 岁时，全家搬到九龙，读中学的 3 年里，周润发每个暑假都去电子厂打工，也因此视力不好。中学毕业后，父亲病重，周润发没有选择升学，开始做临时工赚钱养家。在底层社会的艰难打拼和历练，丰富了周润发的人生经验，也让他日后的表演生涯从中受益。
</p>
</section>
<section>
<h3>section2.英雄本色</h3>
<p>1986 年，在吴宇森导演的电影《英雄本色》饰演 Mark 哥（小马哥），该片打破香港电影票房纪录，并开创了黑帮英雄片的电影潮流，小马哥也成为影迷的偶像。周润发也拿到了首个香港金像奖
```

```
最佳男主角奖。</p>
</section>
<section>
<h3>section3.孔子</h3>
<p>2009 年，他更是在内地导演胡玫的电影《孔子》中，出演了中国历史上的思想家孔子，并在大银幕上成功诠释这位中国古代圣贤。该片于 2010 年在内地上映，取得过亿票房的成绩，也令他获得第 14 届中国电影华表奖优秀境外华裔男演员奖。
</p>
</section>
<footer>
<h4>扫描二维码下载软件</h4>
<h5>支持 iOS 和 Android</h5>
</footer>
</article>
</body>
</html>
```

练一练

将上述代码用记事本编写并保存后用浏览器打开，查看运行结果。

练一练

为下列文档添加内容，并插入图像显示在浏览器中。

```
<!DOCTYPE html>
<html>
<head>
<title>这是 HTML5 网页</title>
</head>
<body>
<header></header>
<hgroup></hgroup>
<nav></nav>
<article></article>
<p></p>
<section class="intros"></section>
<aside class="content"></aside>
<footer></footer>
</body>
</html>
```

1.3 HTML5 与 CSS 样式表

1. 在 HTML5 网页中插入 CSS 样式表

CSS（层叠样式表）主要用来展现 HTML 网页的文档样式，在制作 HTML5 网页时 CSS

样式表是不可缺少的。样式表一般分为两种：外部样式表和内部样式表。

外部样式表的插入在 HTML5 文档的头部标记<head>中实现，代码如下：

```
<head>
<link href="css/main.css" rel="stylesheet" type="text/css" />
</head>
```

其中 href="css/main.css"显示链接的样式表名称和目录地址，外部样式表保存格式为"*.css"。

下例所示为样式表实例：

```
.h1{
width: 60%;        /*元素的宽度设定*/
margin: 0 auto;    /*元素的外边距设定，左右居中*/
}
内部样式表可写在 HTML 文档内部，代码如下：
<head>
<style type="text/css">
.center{
text-align:center;
}
.main{
margin-top:30px;
}
</head>
```

2. HTML5 与样式表实例介绍

在实际的网页制作中，通常使用 HTML5 标记描述网页结构，使用 CSS 样式表修饰网页元素。

【例 1-11】 制作 HTML5 与 CSS3 相结合的网页。该例主要描述的是网页中<body>部分的<header>区域，使用<nav>标记制作正文的导航区域，用<ul>标记制作无序列表，<li>标记制作具体的列表项，并通过 href="style.css"语句引用外部样式表来修饰该页面。该例在浏览器中显示如图 1-14 所示。

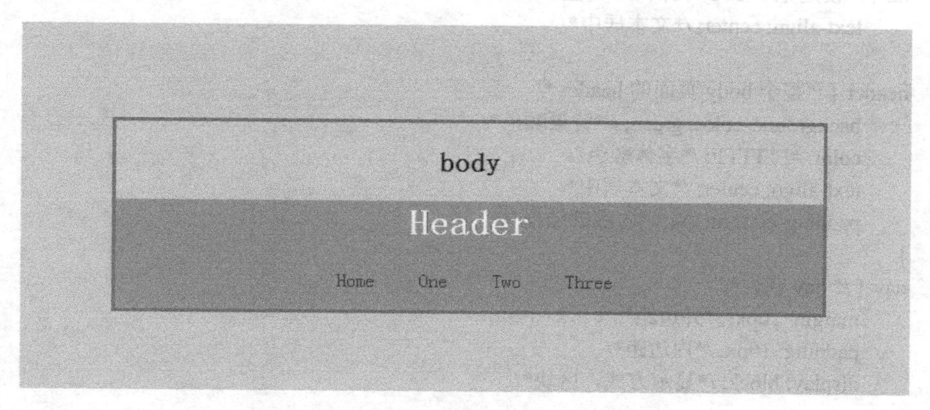

图 1-14 HTML5 与 CSS3 的结合

代码如下：

```
<!DOCTYPE html>
<html lang="en-US">
<head>
<link rel="stylesheet" href="style.css" type="text/css">
</head>
<body>
<h2>body</h2>
<header id="page_header">
<h1>Header</h1>
<nav>
<ul>
<li><a href="#">Home</a></li>
<li><a href="#">One</a></li>
<li><a href="#">Two</a></li>
<li><a href="#">Three</a></li>
</ul>
</nav>
</header>
</body>
</html>
```

CSS 代码如下：

```
body { /*整个页面的属性设定*/
    background-color: pink; /*背景色，粉红*/
    font-family: Geneva, sans-serif; /*可用字体*/
    margin: 100px auto; /*页边空白，左右对齐*/
    max-width: 600px; /*最大宽度 */
    border: solid; /*边缘立体*/
    border-color: red; /*边缘颜色*/
    width:50%;/*百分比宽度*/
}
h2 { /*设定整个 body 内的 h2 属性*/
    text-align: center; /*文本居中*/
}
header { /*整个 body 页面的 header */
    background-color: green; / *背景颜色*/
    color: #FFFFFF; /*字体颜色*/
    text-align: center; /*文本居中*/
    padding-bottom:1px; /*内底部边框*/
}
nav { /* nav 属性*/
    margin: 10px; /*外边距*/
    padding: 10px; /*内边距*/
    display: block; /*显示方式，区块*/
}
header#page_header nav { /*header#page_header nav 的属性*/
```

```
        list-style: none; /*去掉列表标识*/
        margin: 0; /*外边距*/
        padding: 0; /*内边距*/
    }
    header#page_header nav ul li { /*header#page_header nav ul li 属性*/
        padding-right: 30px; /*内边距*/
        margin: 0 0 0 0; /*外边距*/
        display: inline; /*显示设置行内元素*/
    }
    a{      /*超链接样式属性*/
       text-decoration:none; /*去掉链接样式*/
    }
    a:hover{ /*超链接样式属性*/
      color:red; /*活动链接颜色*/
    }
```

在该例的 CSS 样式表中使用 background-color: pink 语句设置页面背景颜色；border-color: red 语句设置边框颜色；display: block 语句设置 nav 标记为区块；list-style: none 语句清除列表标识。该网页在浏览器中显示如图 1-14 所示。

想一想：怎样为文字部分加上背景？

想一想：怎样设置文字的字体大小？

练一练

制作网页页面导航部分。

代码如下：

```
<!DOCTYPE html>
<html lang="zh-cn">
<head>
<meta http-equiv="Content-Type" content="text/html; charset=UTF-8" />
<meta charset="utf-8" />
<meta name="apple-touch-fullscreen" content="YES" />
<meta name="viewport" content="width=device-width, initial-scale=1.0, minimum-scale=1.0, maximum-scale=1.0, user-scalable=no" />
<meta name="apple-mobile-web-app-capable" content="yes" />
<meta name="format-detection" content="telephone=no" />
<title>导航</title>
<link href="style.css" rel="stylesheet" />
</head>
<body>
<ul id="nav">
<li><a href="#">首页</a></li>
<li><a href="#">Blog</a></li>
<li><a href="#">论坛</a></li>
<li><a href="#"><span class="coloryellow">联系</span></a></li>
</ul>
</body>
```

```
</html>
```

CSS3 部分代码如下：

```
#nav{   /* nav 属性，设置外左边距*/
    margin-left:400px;
}
#nav li{   /*左侧浮动*/
    float:left;
}
#nav li a{   /*设置文字区域属性*/
    color:#000000;
    text-decoration:none;
    padding-top:12px;
    display:block;
    width:100px;
    height:30px;
    text-align:center;
    background-color:#ececec;
    margin-left:2px;
    border-top:1px solid black;
    border-bottom:1px solid black;
    border-left:1px solid black;
    border-right:1px solid black;
}
ul {   /*去掉列表原点*/
   list-style: none
}
#nav li a:hover{    /*设置链接效果*/
    background-color:#bbbbbb;
    color:#ffffff;
}
.coloryellow{    /*设置链接效果，文字的颜色*/
    color:yellow;
}
```

效果如图 1-15 所示。

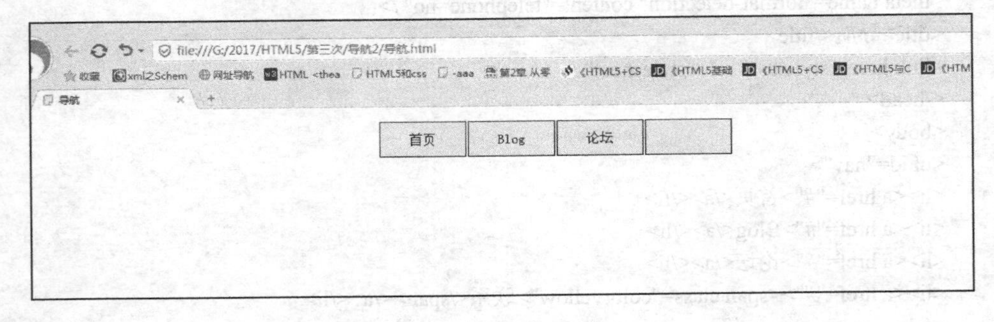

图 1-15　导航区域

1.4 HTML5 现状

1.4.1 浏览器的支持力度

随着 HTML5 标准的不断完善和相关技术的不断发展，目前各大主流浏览器对 HTML5 的支持力度也在不断提高，表 1-3 给出了桌面浏览器对 HTML5 的特性支持。

表 1-3 桌面浏览器对 HTML5 的特性支持

浏览器名称	得分
Maxthon 4.0	478
Chrome 10	470
Opera 11	420
FireFox 21	400
Safari 6.0	380
IE 10	330

从上表可以看出，国内的浏览器 Maxthon 得分最高，且与 HTML5 的兼容性最好，Maxthon 采用了基于 Trident 的内核架构，在运行 HTML5 时得心应手。

谷歌浏览器 Chrome 使用基于 WebKit 的内核架构，得分较高，也是市面上运行与展示 HTML5 的首选浏览器。

而大名鼎鼎的 IE 浏览器反而对 HTML5 的支持稍差，排在了最后。当然，IE 随着版本的不断变化，相信在日后的表现会越来越好。

此外，在手机浏览器对 HTML5 的支持排行榜中，Chrome 25 浏览器也名列前茅。同样排名靠前的还有 Opera Mobile 12、FireFox Mobile 19 等。

相信随着各大浏览器厂商对浏览器的不断完善，各家浏览器的扩展规范应该会越来越统一，对 HTML5 规范的支持会越来越大。

1.4.2 检查浏览器是否支持 HTML5 标签

在开发 HTML5 网页时，为了实现浏览器的兼容性，需要对不同厂商的浏览器作功能测试，以便用户的体验更好。常见检测方法可以使用 canvas 标签进行网页测试。

```
<!DOCTYPE html>
<html>
<head>
<title>这是 HTML5 网页</title>
</head>
<body>
<canvas style="background-color:red">浏览器不支持 canvas 标签。</canvas>
</body>
</html>
```

用不同的浏览器打开该网页，能够查看到不同的显示结果。当浏览器不兼容 HTML5 时会显示相应的文字。

1.5 小结

HTML5 是 HTML 的目前最新版本，它融合了 HTML、CSS、JavaScript 等多种技术，在图形处理、动画制作、视频播放、网页应用、页面布局等多个方面给网页结构带来了巨大的改变。

在 HTML5 的标准中，它取消了一些过时的 HTML4 标记，加入了新标记，引入了全新的表单元素、Canvas 画布元素、本地存储等新特性，同时增强了网页设计中单语义性和多媒体性。

HTML5 网页布局元素包含：<header>区域、<nav>区域、<section>区域、<aside>区域与<footer>区域，使用新的标签创建了新的布局模式。在 HTML5 中元素可以复用，在一个页面中可以出现多个<header>、<section>、<nav>元素，并可根据需要为每一个元素都编写特定的样式。

目前绝大多数的浏览器都支持 HTML5 标准，可以运行以 HTML5 技术开发的相关网页。其中主流的浏览器有谷歌浏览器、Maxthon 浏览器、Opera 浏览器、百度浏览器、IE 中的高版本浏览器等。

1.6 实训

1. 实训目的

通过本章实训了解 HTML 及 HTML5 网页标记的区别，掌握 HTML 和 HTML5 不同标记制作网页的方式。

2. 实训内容

1）使用 HTML 制作网页。文档代码如下：

```
<html>
<head>
<title>我的第一个 HTML 页面</title>
</head>
<body>
<img src="3.jpg"/>
<p>大家好</p>
<p>body 元素的内容会显示在浏览器中。</p>
<p>title 元素的内容会显示在浏览器的标题栏中。</p>
<table border="1" width="400" height="400">
  <tr>
  <td>1</td>
  <td>2</td>
  </tr>
  <tr>
  <td>3</td>
  <td>4</td>
```

```
</tr>
</table>
<h4>一个无序列表：</h4>
<ul>
<li>绿茶</li>
<li>牛奶</li>
<li>可乐</li>
<li>百事</li>
</ul>
<hr/>
</body>
</html>
```

2）使用 HTML5 制作网页。文档代码如下：

```
<!DOCTYPE html>
<html lang="utf-8">
<head>
<meta http-equiv="Content-Type" content="text/html; charset=utf-8">
<title>First</title>
</head>
<body>
<h2>body</h2>
<header id="page_header">
<h1>Header</h1>
<nav>
<ul>
<li><a href="#">One</a></li>
<li><a href="#">Two</a></li>
<li><a href="#">Three</a></li>
</ul>
</nav>
</header>
<section id="posts">
<h2>Section</h2>
<article class="pot1">
<h2>article1</h2>
<header>
<h2> Header</h2>
</header>
<aside>
<h2> Aside</h2>
</aside>
<p>Welcome To Here</p>
<footer>
<h2> Footer1</h2>
</footer>
</article>
<article class="pot2">
```

```
<h2>article2</h2>
<header>
<h2>Article </h2>
</header>
<aside>
<h2>Article Aside</h2>
</aside>
<p>Welcome Back</p>
<footer>
<h2>Article Footer2</h2>
</footer>
</article>
</section>
<footer id="foot">
<h2>Footer3</h2>
</footer>
</body>
</html>
```

3）对网页文档改错并显示运行结果。

```
<html >
<head>
<title>我的网页</title>
</head>
<body text="#0099FF" link="#00CCCC" alink="#33CCFF" bgcolor="#000000">  文字颜色   超链接颜色  正在访问超链接颜色  背景颜色
<table width="767" border="0" align="center" bgcolor="#000000">  表格宽度  边框宽度   表格对齐方式   背景颜色
<tr>
<td height="195" background="image/p1.jpg"> </td> 图片高度宽度  表格背景图片
</tr>
<tr>
<td height="27"><table width="364" height="27" border="0" align="center" cellspacing="10">表格宽度  表格高度   边框宽度 表格对齐  单元格距离
<tr>
<td width="35"><font color=#FFFFFF>首页</FONT></td> 表格宽度   文字颜色
<td width="35"><font color=#FFFFFF><a href="note.html">日志</a></FONT></td>表格宽度   文字颜色
<td width="35"><font color=#FFFFFF ><a href="# ">相册</a></FONT></td>表格宽度  文字颜色
<td width="35"><font color=#FFFFFF ><a href="love.mp3">歌曲</a></FONT></td>表格宽度   文字颜色
<td width="35"><font color=#FFFFFF >收藏</FONT></td>表格宽度   文字颜色
<td width="35"><font color=#FFFFFF >博友</FONT></td>表格宽度   文字颜色
<td width="45"><font color=#FFFFFF >关于我</FONT></td>表格宽度   文字颜色
</tr>
</table></td>
</tr>
</table>
```

<table width="767" border="0" align="center" bgcolor=red>表格宽度　表格宽度　表格对齐 表格背景颜色

<td width="621" height="527"><p class="STYLE9"><font 表格宽度　 表格高度　类 size="3">五一长假期间，读了一本书，其余时间看电影，以实际行动向劳动节致敬。

1.7 习题

1．填空题

（1）HTML 的含义是（　　）。

A．标记语言　　B．Web 语言　　C．JavaScript　　D．超文本标记

（2）HTML5 第一份草案发布时间是（　　）。

A．2006 年　　B．2007 年　　C．2008 年　　D．2009 年

（3）<body>是指（　　）。

A．网页头部　　B．网页正文　　C．网页说明　　D．网页尾部

（4）<title>是指（　　）。

A．网页标题　　B．网页注释　　C．网页主体　　D．网页正文

（5）<nav>是指（　　）。

A．网页头部　　B．网页主体　　C．网页导航　　D．网页说明

（6）<footer>是指（　　）。

A．网页头部　　B．网页页脚　　C．网页导航　　D．网页说明

2．简答题

（1）简述 HTML 与 HTML5 的区别。

（2）简述 HTML5 的新特性。

（3）简述 HTML5 新的布局标签。

（4）简述支持 HTML5 的浏览器名称。

第 2 章　CSS 技术概述

本章要点

- CSS 的优势
- CSS 的基本语法
- id 与 class 选择器的应用
- CSS 应用技巧

2.1　CSS 简介

CSS 简介

2.1.1　CSS 的发展

CSS（Cascading Style Sheet）称为层叠样式表，也可以称为 CSS 样式表或样式表，其文件扩展名为.CSS。CSS 是用于增强或控制网页样式，并允许将样式信息与网页内容分隔开的一种标记性语言。

在以前没有网页设计师存在，当 HTML 刚刚出现的时候，没有人在意页面是否好看。而随着时间的推移以及大众审美需求的提升，网页也需要有更多的变化而不仅仅是文字的展示，于是开始出现了网页设计师这样的职业，而与之相对的就是 CSS 的诞生。

在最早的网页中，内容与样式是混合在一起的，这样混乱的结构给工程师和网页设计师都造成了很大的困扰。于是有人提出建议，把样式从内容中踢出去，被踢出来的部分变成了 CSS，留下的便是 HTML。HTML 是面对程序员的，而 CSS 是程序员为设计者准备的一个“工具”，是帮助 HTML 面对人的工具，也是让一堆文字变成设计稿的唯一工具。

2.1.2　CSS 实例

在学习 CSS 之前来看两段简单的代码，分别是一个纯 HTML 的代码和一个有 CSS 样式表的代码，功能都是显示“你好，欢迎来到 CSS 的世界”，但下例两段代码在显示后有所不同，它们的区别就是 CSS 对网页的影响。

【例 2-1】 制作网页中没用 CSS 样式表的效果，在浏览器中显示如图 2-1 所示。

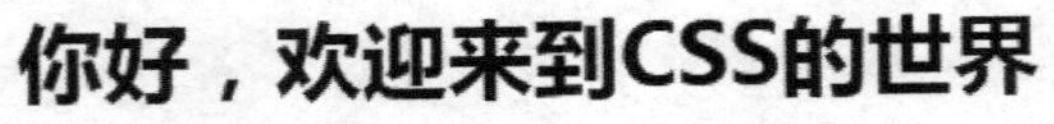

你好，欢迎来到CSS的世界

图 2-1　无 CSS 效果图

代码如下：

```
<html>
```

```
<body>
<h1>你好，欢迎来到 CSS 的世界</h1>
</body>
</html>
```

【例 2-2】 制作增加样式表之后的网页效果，在浏览器中显示如图 2-2 所示。

你好，欢迎来到CSS的世界

图 2-2 有 CSS 效果图

代码如下：

```
<html>
<head>
<style>
h1 {color:blue;}
/* h1 这里定义颜色为蓝色，文字大小为 36 像素，文本居中对齐*/
</style>
</head>
<body>
<h1>你好，欢迎来到 CSS 的世界</h1>
</body>
</html>
```

通过这两个例子可以看出，在网页中增加了样式表之后，字体的颜色、字体和对齐方式发生了变化，网页的表现效果更加丰富了。

2.1.3 CSS 样式表概述

1．CSS 的起源

HTML 标记原本设计为用于定义文档内容。通过使用 <h1>、<p>、<table> 这样的标记，HTML 的初衷是表达“这是标题”“这是段落”“这是表格”之类的信息。同时文档布局由浏览器来完成，而不使用任何的格式化标记。但是由于两种主要的浏览器（Netscape 和 Internet Explorer）不断地将新的 HTML 标记和属性（比如字体标签和颜色属性）添加到 HTML 规范中，这样创建一个独立于文档表现层的站点越来越困难。

为了解决这个问题，万维网联盟（W3C），这个非营利的标准化联盟，肩负起了 HTML 标准化的使命，并在 HTML 4.0 之外创造出 CSS，并且所有的主流浏览器均支持层叠样式表。

2．CSS 的特点

样式表定义如何显示 HTML 元素，就像 HTML 3.2 的字体标签和颜色属性所起的作用那样。样式通常保存在外部的 .css 文件中。通过仅仅编辑一个简单的 CSS 文档，外部样式表使用户有能力同时改变站点中所有页面的布局和外观。

由于允许同时控制多重页面的样式和布局，CSS 可以称得上 Web 设计领域的一个突破。作为网站开发者，能够为每个 HTML 元素定义样式，并将之应用于任意多的页面中。如需进行全局的更新，只需简单地改变样式，然后网站中的所有元素均会自动地更新。

样式表允许以多种方式规定样式信息。样式可以规定在单个的 HTML 元素中，在 HTML 页头元素中，或在一个外部的 CSS 文件中，甚至可以在同一个 HTML 文档内部引用多个外部样式表。

2.2 CSS 基本语法

2.2.1 CSS 语法

CSS 规则由两个主要的部分构成：选择器与声明。声明可以是一条或者多条。多条声明在书写时用“;”分隔开。如图 2-3 所示。

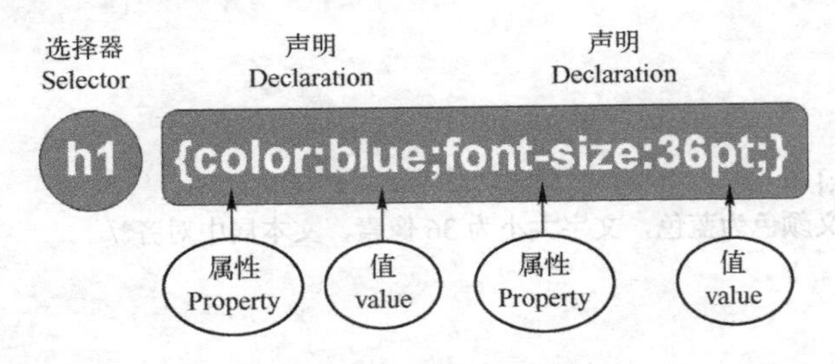

图 2-3 CSS 基本语法格式

在上图中，h1 是选择器，color 和 font-size 是属性，blue 和 36pt 是值。

选择器（selector）通常是用户需要改变样式的 HTML 元素；声明（Declaration）是由一个属性和一个值组成；属性（property）是希望设置的样式属性（style attribute）；值就是赋予样式属性的一个具体值，属性和值在书写的时候用冒号分隔开。

2.2.2 id 选择器和 class 选择器

Id 选择器和 class 选择器是 CSS 中最常用到的选择器。当需要在 HTML 元素中设置 CSS 样式时，可以在元素中设置“id”或者“class”选择器。

1. id 选择器

id 选择器可以为标有特定 id 的 HTML 元素指定特定的样式。HTML 元素以 id 属性来设置 id 选择器，CSS 中 id 选择器以“#”来定义。

【例 2-3】 制作在样式表中使用了 id 选择器的网页，在浏览器中显示如图 2-4 所示。

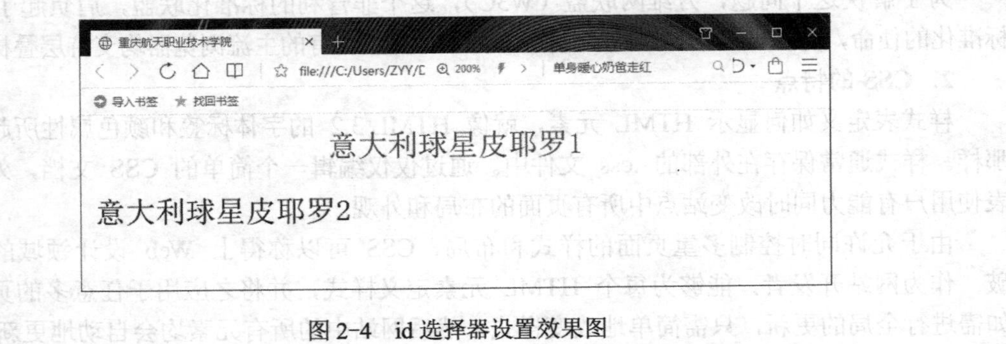

图 2-4 id 选择器设置效果图

代码如下：

```
<html>
<head>
<meta charset="utf-8">
<title>重庆航天职业技术学院</title>
<style>
#alex
{
    text-align:center;
    color:red;
}
</style>
</head>
<body>
<p id=" alex ">意大利球星皮耶罗 1</p>
<p>意大利球星皮耶罗 2</p>
</body>
</html>
```

如上述代码所示，文字“意大利球星皮耶罗 1”定义了 CSS 样式表，而文字“意大利球星皮耶罗 2”没有定义 CSS 样式表。

2. class 选择器

class 选择器用于描述一组元素的样式，其有别于 id 选择器，class 可以在多个元素中使用。class 选择器在 HTML 中以 class 属性表示，在 CSS 中，类选择器以一个点“.”号显示。如在下面实例中，所有拥有 center 类的 HTML 元素均为居中。

【例 2-4】 制作在样式表中使用了 class 选择器，在浏览器中显示如图 2-5 所示。

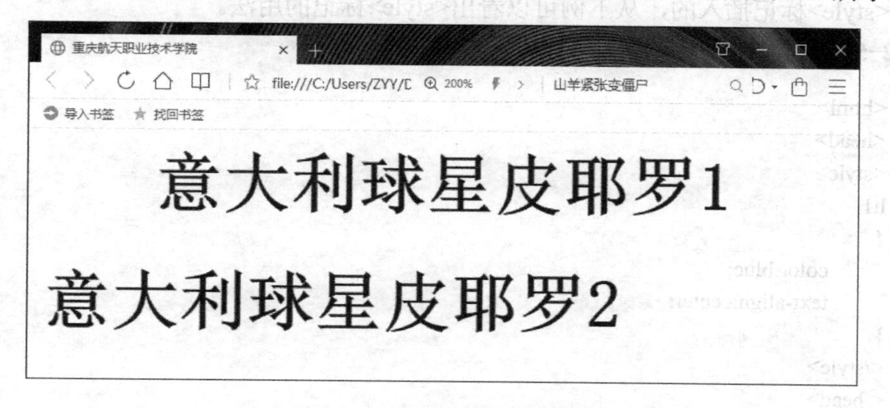

图 2-5　class 选择器设置效果图

代码如下：

```
<html>
<head>
<meta charset="utf-8">
<title>重庆航天职业技术学院</title>
```

```
<style>
.center
{
	text-align:center;
}
</style>
</head>
<body>
<h1 class="center">意大利球星皮耶罗 1</h1>
<h1 >意大利球星皮耶罗 2</h1>
</body>
</html>
```

如上述代码所示，文字“意大利球星皮耶罗 1”定义了 class 类选择器，而文字“意大利球星皮耶罗 2”没有定义 class 类选择器。

2.3 CSS 应用技巧

2.3.1 如何插入样式表

要想在浏览器中显示出预期的 CSS 样式表效果，就要让浏览器能够识别并正确调用 CSS。当浏览器读取样式表时，要依照文本格式来读，在页面中插入 CSS 样式表的方法有以下 3 种：链入外部样式表、内部样式表和内嵌样式。

1. 内部样式表

内部样式表是把样式表放到页面的<head>区里，这些定义的样式就应用到页面中了，样式表是用<style>标记插入的，从下例可以看出<style>标记的用法。

【例 2-5】 制作使用了 CSS 中的内部样式表。

```
<html>
<head>
<style>
h1
{
	color:blue;
	text-align:center;
}
</style>
</head>
<body>
<h1>采用了 h1 样式的效果</h1>
</body>
</html>
```

注意：有些低版本的浏览器不能识别 style 标记，这意味着低版本的浏览器会忽略 style 标记里的内容，并把 style 标记里的内容以文本直接显示到页面上。为了避免这样的情况发生，常用加 HTML 注释的方式（<!-- 注释 -->）隐藏内容而不让它显示。

【例 2-6】 制作使用了注释的方式来隐藏内容。

```
<html>
<head>
<style>
<!--
h1
{
        color:blue;
        text-align:center;
}
-->
</style>
</head>
<body>
<h1>采用了 h1 样式的效果</h1>
</body>
</html>
```

2. 链入外部样式表

链入外部样式表是把样式表保存为一个样式表文件，然后在页面中用<link>标记链接到这个样式表文件，这个<link>标记必须放到页面的<head>区内，如下所示：

```
<head>
<link href="style1.css"  rel="stylesheet"  type="text/css"  media="all">
</head>
```

上面这个例子表示浏览器从 style1.css 文件中以文档格式读出定义的样式表。rel="stylesheet"是指在页面中使用这个外部的样式表。type="text/css"是指文件的类型是样式表文本。href="style1.css"是文件所在的位置。media 是选择媒体类型，这些媒体包括：屏幕、纸张、语音合成设备、盲文阅读设备等。

一个外部样式表文件可以应用于多个页面。当改变这个样式表文件时，所有页面的样式都随之而改变。在制作大量相同样式页面的网站时非常有用，不仅减少了重复的工作量，而且有利于以后的修改、编辑，浏览时也避免了重复下载代码。

样式表文件可以用记事本打开并编辑，一般样式表文件扩展名为.css。内容是定义的样式表，不包含 HTML 标记，style1.css 这个文件的内容如下所示：

```
hr {color: blue}
p {margin-left: 22px}
body {background-image: url("images/back10.gif")}
/*定义水平线的颜色为蓝色；段落左边的空白边距为 22 像素；页面的背景图片为 images 目录下的 back10.gif 文件*/
```

3. 内嵌样式

内嵌样式是混合在 HTML 标记里使用的，用这种方法可以很简单地对某个元素单独定义样式。内嵌样式的使用是直接将在 HTML 标记里加入 style 参数，而 style 参数的内容就是 CSS 的属性和值，如下例展示如何改变段落的颜色为蓝色和左外边距为 45。

【例 2-7】 制作使用 CSS 中的内嵌样式：

```
<html>
<head>
<meta charset="gb2312">
<title>重庆航天职业技术学院</title>
</head>
<body>
<p style="color: blue;margin-left: 45px;">
航天欢迎你！
</p>
</body>
</html>
```

2.3.2 网页元素的颜色

网页中颜色的运用是网页必不可少的一个元素。使用颜色的目的在于有区别、有动感（特别是超链接中运用）、美观，同时颜色也是各种各样网页的样式表现元素之一。

颜色是由红（RED）、绿（GREEN）、蓝（BLUE）光线的显示结合。CSS 中定义颜色使用十六进制（hex）表示法为红、绿、蓝的颜色值结合。

CSS 可以处理 16777216 种颜色（256×256×256），可以使用名字、RGB 值或十六进制代码。

例如蓝色：blue = rgb(0,0,255) = rgb(0%,0%,100%) = #0000ff = #00f

CSS 拥有 16 种合法的预定义颜色名字。它们是 aqua（水绿）、 black（黑）、blue（蓝）、fuchsia（紫红）、gray（灰）、green（绿）、lime（浅绿）、maroon（褐）、navy（深蓝）、olive（橄榄）、purple（紫）、red（红）、silver（银）、 teal（深青）、white（白）和 yellow（黄），并且 transparent（透明）也是一个合法值。

在 RGB 的从 0 至 255 的 3 个值中，0 是最低阶的（如没有红色），255 是最高阶（如全是红色），这些值也可以是百分比。十六进制 3 个或 6 个数字长度前面带上#字符，3 个长度是 6 个的压缩形式，比如#f00 是 ff0000 的压缩，#c96 是#cc9966 的压缩。三位数很好理解，像 RGB，第一个是红色，第二个是绿色，第三个蓝色。但六位数给予更多的颜色控制。

颜色可以使用 color 和 background-color。color 用于文字颜色设置，background-color 用于文字颜色背景设置。

【例 2-8】 制作实现了样式表中颜色变化效果，在浏览器中显示如图 2-6 所示。

图 2-6 color 与 background-color 的效果图

代码如下：

```
<html>
<head>
<meta charset="utf-8">
<title>重庆航天职业技术学院</title>
<style>
h1 {
    color: yellow;
    background-color: blue;
}
</style>
</head>
<body>
<h1>重庆航天欢迎你！</h1>
</body>
</html>
```

文本样式设计

该例中 h1 的文字部分变成黄色，文字背景变成蓝色，color 和 background-color 可以使用在绝大部分 HTML 元素中。

2.3.3 文本样式设计

CSS 文本样式是相对于内容进行的样式修饰。由于在层次关系中，内容是在背景以上的，所以文本样式相对而言更加重要。文本和字体样式之间是不同的，简单地讲，文本是内容，而字体则用于显示这个内容。

CSS 中常见的有以下 6 种文本样式：首行缩进（text-index）、水平对齐（text-align）、字间隔（word-spacing）、字母间隔（letter-spacing）、文本转换（text-transform）、文本修饰（text-decoration）。

1. 首行缩进（text-index）

首行缩进是将段落的第一行缩进，这是常用的文本格式化效果，就像中文写作时开头空两格一样。text-index 主要有以下取值。

1）length：定义固定的缩进。

2）%：定义基于父元素的百分比缩进。

3）inherit：定义从父元素继承该属性。

【例 2-9】 制作文本中的首行缩进，在浏览器中实现如图 2-7 所示。

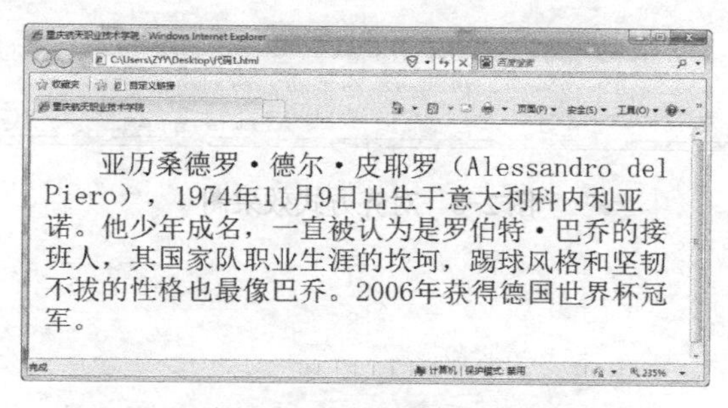

图 2-7 首行缩进效果

代码如下：

```
<html>
<head>
<meta charset="utf-8">
<title>重庆航天职业技术学院</title>
<style>
p {text-indent:30px;}
</style>
</head>
<body>
<p>亚历桑德罗·德尔·皮耶罗（Alessandro del Piero），1974年11月9日出生于意大利科内利亚诺。他少年成名，一直被认为是罗伯特·巴乔的接班人，其国家队职业生涯的坎坷，踢球风格和坚韧不拔的性格也最像巴乔。2006年获得德国世界杯冠军。</p>
</body>
</body>
</html>
```

在这段代码中 text-indent:30px;声明了 p 这段文字首行缩进 30px。

2. 文本的对齐方式（text-align）

文本排列属性是用来设置文本的水平对齐方式。文本对齐方式有以下几种。

1）left：左对齐。

2）center：居中对齐。

3）right：右对齐。

4）justify：两端对齐。

在默认状态下对齐方式为 left。

【例 2-10】 制作 CSS 中的文本对齐方式，在浏览器中显示如图 2-8 所示。

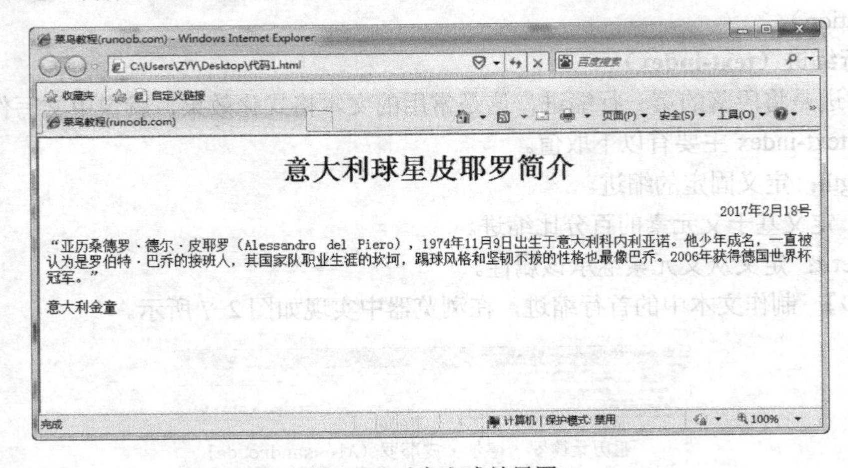

图 2-8 对齐方式效果图

代码如下：

```
<html>
<head>
```

```
<meta charset="utf-8">
<title>重庆航天职业技术学院</title>
<style>
h1 {text-align:center;}
p.date {text-align:right;}
p.main {text-align:justify;}
</style>
</head>
<body>
<h1>意大利球星皮耶罗简介</h1>
<p class="date">2017 年 2 月 18 号</p>
<p class="main">"亚历桑德罗·德尔·皮耶罗（Alessandro del Piero），1974 年 11 月 9 日出生于意大利科内利亚诺。他少年成名，一直被认为是罗伯特·巴乔的接班人，其国家队职业生涯的坎坷，踢球风格和坚韧不拔的性格也最像巴乔。2006 年获得德国世界杯冠军。"</p>
<p>意大利金童</p>
</body>
</html>
```

在这段代码中 text-align:center 声明 h1 这段文字居中，text-align:right 声明了类为 date 的这段文字右对齐，ext-align:justify 声明类为 main 的这段文字为两端对齐，没有声明的默认左对齐。

3. 文本修饰（text-decoration）

text-decoration 属性用来设置或删除文本的装饰。text-decoration 常见有以下值。

1）none：无。

2）underline：下画线。

3）overline：上画线。

4）line-through：中画线。

从设计的角度来看，text-decoration 属性主要是用来删除链接的下画线。

【例 2-11】 制作 CSS 中的文本修饰 text-decoration 属性，在浏览器中显示如图 2-9 所示。

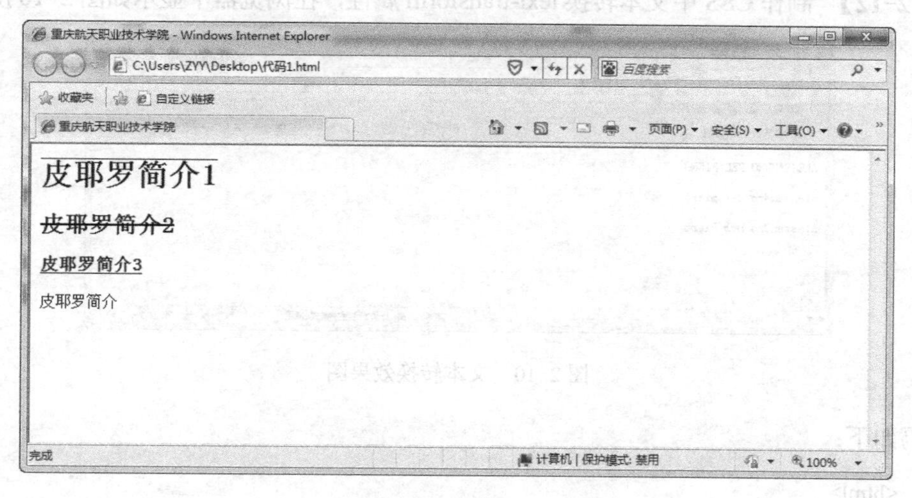

图 2-9　文本修饰效果图

代码如下：

```
<html>
<head>
<meta charset="utf-8">
<title>重庆航天职业技术学院</title>
<style>
h1 {text-decoration:overline;}
h2 {text-decoration:line-through;}
h3 {text-decoration:underline;}
</style>
</head>
<body>
<h1>皮耶罗简介 1</h1>
<h2>皮耶罗简介 2</h2>
<h3>皮耶罗简介 3</h3>
<h>皮耶罗简介</h>
</body>
</html>
```

在这段代码中，text-decoration:overline 声明 h1 这段文字有上画线，text-decoration:line-through 声明 h2 的这段文字有中画线，text-decoration:underline 声明 h3 的这段文字有下画线，没有声明的默认没有线。

4. 文本转换（text-transform）

文本转换属性是用来指定在一个文本中的大写和小写字母，可用于所有字句变成大写或小写字母，或每个单词的首字母大写。text-transform 常见有以下值。

1）uppercase：全大写。

2）lowercase：全小写。

3）capitalize：首字母大写。

【例 2-12】 制作 CSS 中文本转换 text-transform 属性，在浏览器中显示如图 2-10 所示。

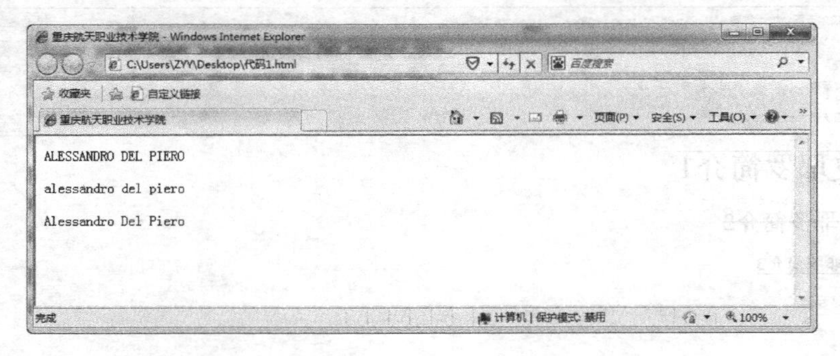

图 2-10　文本转换效果图

代码如下：

```
<html>
<head>
<meta charset="utf-8">
```

```
<title>重庆航天职业技术学院</title>
<style>
p.uppercase {text-transform:uppercase;}
p.lowercase {text-transform:lowercase;}
p.capitalize {text-transform:capitalize;}
</style>
</head>
<body>
<p class="uppercase">alessandro del Piero</p>
<p class="lowercase">alessandro del Piero</p>
<p class="capitalize">alessandro del Piero</p>
</body>
</html>
```

在这段代码中，text-transform:uppercase 声明类 uppercase 这段字母全部为大写，text-transform:lowercase 声明类 lowercase 这段字母全部为小写，text-transform:capitalize 声明类 capitalize 的这段字母首字母大写。

5. 字母间隔（letter-spacing）

字母间隔是指字符间距，字母间隔（letter-spacing）常见有以下值。

1）length：定义字符间的固定空间。

2）normal：默认值。

3）inherit：定义从父元素继承属性值。

【例 2-13】 制作 CSS 中的字母间隔 letter-spacing 属性，在浏览器中显示如图 2-11 所示。

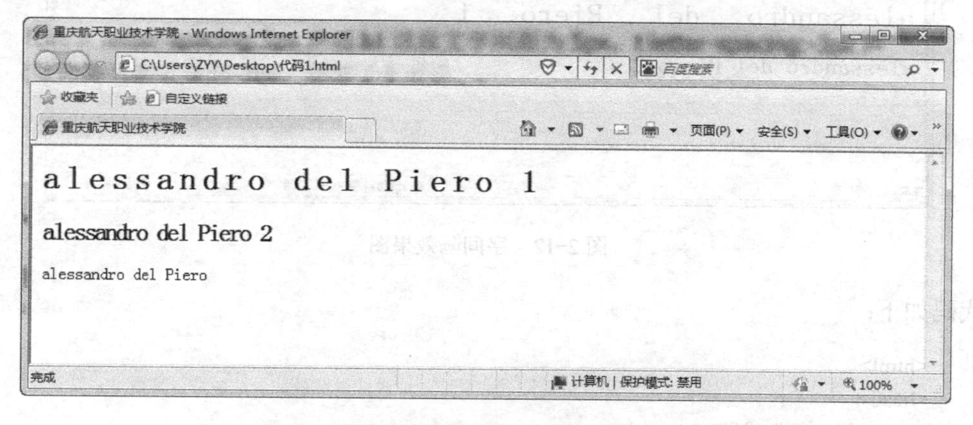

图 2-11　字母间隔效果图

代码如下：

```
<html>
<head>
<meta charset="utf-8">
<title>重庆航天职业技术学院</title>
<style>
h1 {letter-spacing:5px;}
h2 {letter-spacing:-3px;}
```

```
</style>
</head>
<body>
<h1>alessandro del Piero 1</h1>
<h2>alessandro del Piero 2</h2>
<h>alessandro del Piero</h1>
</body>
</html>
```

在这段代码中，letter-spacing:5px 声明 h1 这段文字字间距为 5px，letter-spacing:-3px 声明 h2 这段文字字间距为默认值的-3px。

6. 字间隔（word-spacing）

字间隔是指单词间距，用来设置文字或单词之间的间距。实际上，“字”表示的是任何非空白符字符组成的串，并由某种空白符包围。word-spacing 常见有以下值。

1）length：定义单词间的标准空间。

2）normal：默认值。

3）inherit：定义从父元素继承属性值。

【例 2-14】 制作 CSS 中字间隔 word-spacing 属性，在浏览器中显示如图 2-12 所示。

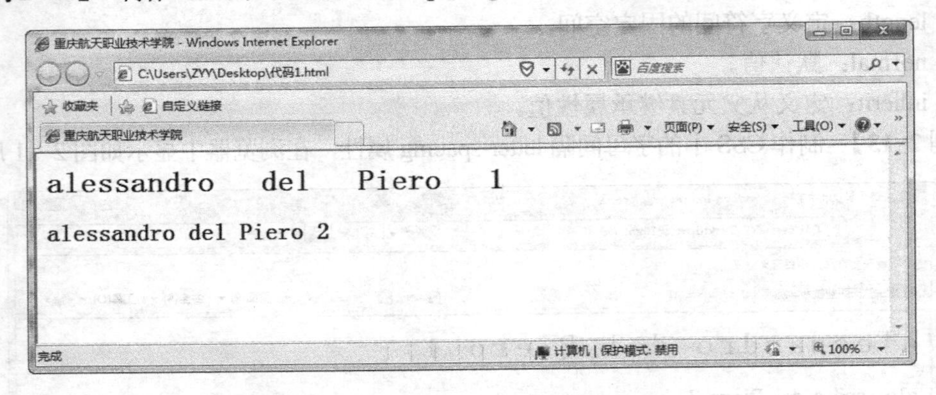

图 2-12　字间隔效果图

代码如下：

```
<html>
<head>
<meta charset="utf-8">
<title>重庆航天职业技术学院</title>
<style>
h1 { word-spacing:30px;}
</style>
</head>
<body>
<h1>alessandro del Piero 1</h1>
<h2>alessandro del Piero 2</h2>
</body>
</html>
```

在这段代码中，word-spacing:30px 声明 h1 这段文字单词间距为 30px，没声明则为默认间距。

2.3.4 网页元素的显示

使用 display 或者 visibility 属性可以用来设置元素的显示状态。display 属性更改元素的渲染方式，即设置一个元素应如何显示；visibility 属性指定一个元素应可见还是隐藏。隐藏一个元素可以通过把 visibility 属性设置为“hidden”，或把 display 属性设置为“none”。具体设置如下。

1）display：block 表示将元素渲染为块级元素。

2）display：list-item 表示将元素渲染为列表项目。

3）visibility：hidden 可以隐藏某个元素，但隐藏的元素仍需占用与未隐藏之前一样的空间。也就是说，该元素虽然被隐藏了，但仍然会影响布局。

【例 2-15】 制作 CSS 中的 visibility:hidden 属性，在浏览器中显示如图 2-13 所示。

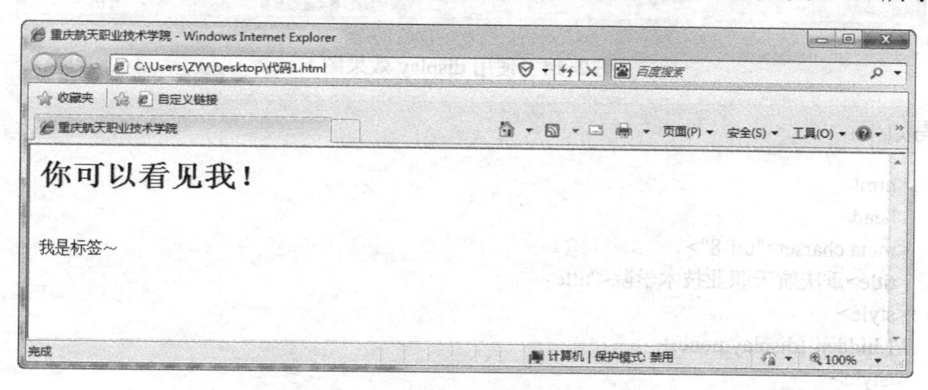

图 2-13 使用 visibility 效果图

代码如下：

```
<html>
<head>
<meta charset="utf-8">
<title>重庆航天职业技术学院</title>
<style>
h1.hidden {visibility:hidden;}
</style>
</head>
<body>
<h1>你可以看见我！</h1>
<h1 class="hidden">你看不见我！</h1>
<p>我是标签～</p>
</body>
</html>
```

如图 2-13 所示，在“你可以看见我！”和“我是标签～”这两个标题之间明显有空白区域。此空白区域就是hidden属性隐藏文字的结果。

4）display:none 可以隐藏某个元素，且隐藏的元素不会占用任何空间。也就是说，该元素不但被隐藏了，而且该元素原本占用的空间也会从页面布局中消失。

【例2-16】 制作CSS中的display:none属性，在浏览器中显示如图2-14所示。

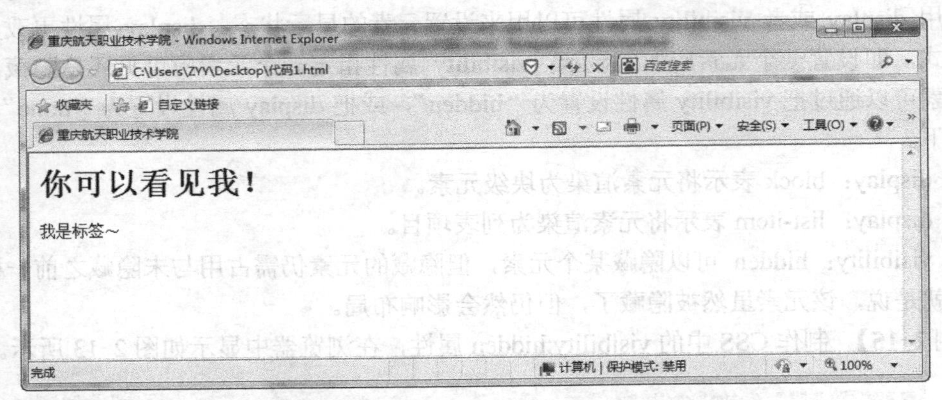

图2-14 使用display效果图

代码如下：

```
<html>
<head>
<meta charset="utf-8">
<title>重庆航天职业技术学院</title>
<style>
h1.hidden {display:none;}
</style>
</head>
<body>
<h1>你可以看见我！ </h1>
<h1 class="hidden">你看不见我！ </h1>
<p>我是标签～</p>
</body>
</html>
```

如图2-14所示，在“你可以看见我！”和“我是标签～”这两个标题之间是没有空白区域的，此区域是none属性带来的结果。

2.3.5 链接样式的设计

使用CSS可以设置网页中超链接的各种属性，如颜色、字体、背景等。不同的链接，可以有不同的样式，这通常用伪类来表示。链接状态有如下4种常见的伪类形式。

- a:link：正常，未访问过的链接。
- a:visited：用户已访问过的链接。
- a:hover：当用户鼠标放在链接上时。
- a:active：链接被单击的那一刻。

【例 2-17】 制作 CSS 中的超链接伪类属性，在浏览器中显示如图 2-15～图 2-17 所示：

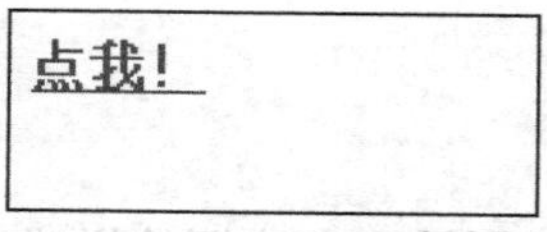

点我!

图 2-15 未访问链接的颜色

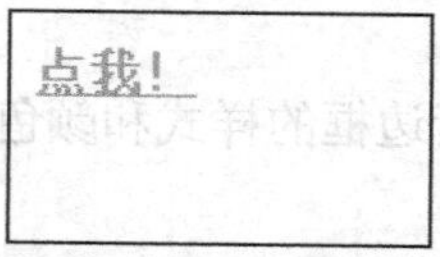

点我!

图 2-16 鼠标移上去的颜色

点我!

图 2-17 鼠标点击的颜色

代码如下：

```
<html>
<head>
<meta charset="utf-8">
<title>重庆航天职业技术学院</title>
<style>
a:link {color:blue;}
a:visited {color:red;}
a:hover {color:yellow;}
a:active {color:green;}
</style>
</head>
<body>
<p><b><a href="img\1.jpg" target="_blank">点我！ </a></b></p>
</body>
</html>
```

这段代码中超链接设置为未访问链接显示为蓝色，已访问链接显示为红色，鼠标移动到链接上显示为黄色，鼠标单击时显示为绿色。注意：链接状态先后顺序如下，a:link、a:visited 最前面，a:hover 其次，a:active 最后，只有顺序正确才可以看到效果。

2.3.6 字体的设置

在 CSS 中的字体，实际上是一组用于创建常规、粗体、斜体及大小写字母效果的字体属性。如果在 CSS 中设置了字体，那么浏览器会从字体族中选择一种最符合要求的字体。如果该字体不存在，那么操作系统会选择一种最接近要求的字体来代替。

CSS 字体属性常见有如下 8 种，详情见表 2-1。

表 2-1 CSS 字体属性

属　性	描　述
font	简写属性。作用是把所有针对字体的属性设置在一个声明中
font-family	设置字体系列
font-size	设置字体的尺寸
font-size-adjust	当首选字体不可用时，对替换字体进行智能缩放
font-stretch	对字体进行水平拉伸
font-style	设置字体风格
font-variant	以小型大写字体或者正常字体显示文本
font-weight	设置字体的粗细

2.3.7 网页元素的边框与背景

1. CSS 边框属性

CSS 边框属性允许指定一个元素边框的样式和颜色。

（1）边框样式

边框样式属性指定要显示什么样的边界。采用 border-style 属性定义边框的样式，常见 border-style 值如下。

- none：默认无边框。
- dotted：定义一个点线边框。
- dashed：定义一个虚线边框。
- solid：定义实线边框。
- double：定义双边框。两个边界的宽度和 border-width 的值相同。
- groove：定义 3D 凹槽边框。效果取决于边界的颜色值。
- ridge：定义 3D 垄状边框。效果取决于边界的颜色值。
- inset：定义一个 3D 嵌入边框。效果取决于边界的颜色值。
- outset：定义一个 3D 外凸边框。效果取决于边界的颜色值。

【例 2-18】 制作网页中的边框效果，在浏览器中显示如图 2-18 所示。

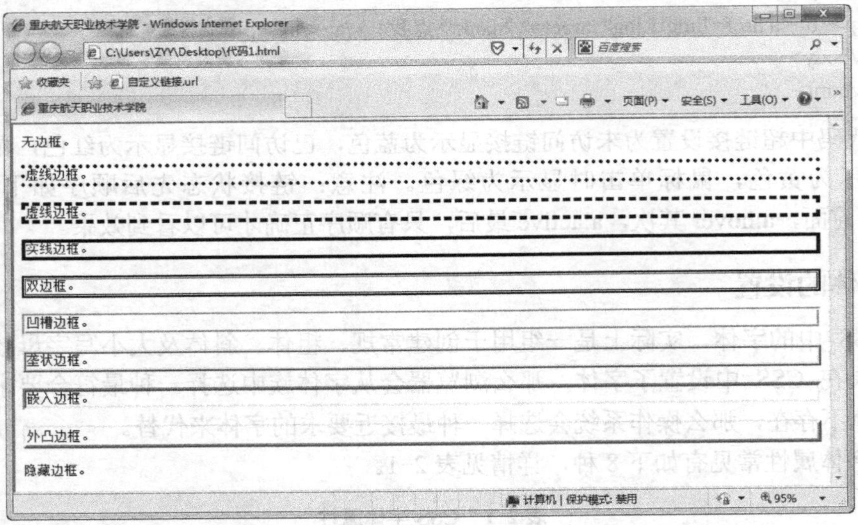

图 2-18 边框效果图

代码如下：

```
<html>
<head>
<meta charset="utf-8">
<title>重庆航天职业技术学院</title>
<style>
p.none {border-style:none;}
p.dotted {border-style:dotted;}
```

```
p.dashed {border-style:dashed;}
p.solid {border-style:solid;}
p.double {border-style:double;}
p.groove {border-style:groove;}
p.ridge {border-style:ridge;}
p.inset {border-style:inset;}
p.outset {border-style:outset;}
p.hidden {border-style:hidden;}
</style>
</head>
<body>
<p class="none">无边框。</p>
<p class="dotted">点线边框。</p>
<p class="dashed">虚线边框。</p>
<p class="solid">实线边框。</p>
<p class="double">双边框。</p>
<p class="groove">3D 凹槽边框。</p>
<p class="ridge">3D 垄状边框。</p>
<p class="inset">3D 嵌入边框。</p>
<p class="outset">3D 外凸边框。</p>
<p class="hidden">隐藏边框。</p>
</body>
</html>
```

该例给 border-style 赋予不同的值，就会得到不同的效果图。

（2）边框宽度

边框通过 border-width 属性来指定宽度。为边框指定宽度有两种方法：可以指定长度值，比如 2px 或 0.1em（单位为 px、pt、cm、em 等），或者使用 3 个关键字之一，它们分别是 thick、medium（默认值）和 thin。在 CSS 中，系统并没有定义 3 个关键字的具体宽度，所以用户可以把 thick、medium 和 thin 分别设置为自己需要的宽度。

【例 2-19】 制作网页中的边框宽度，在浏览器中显示如图 2-19 所示。

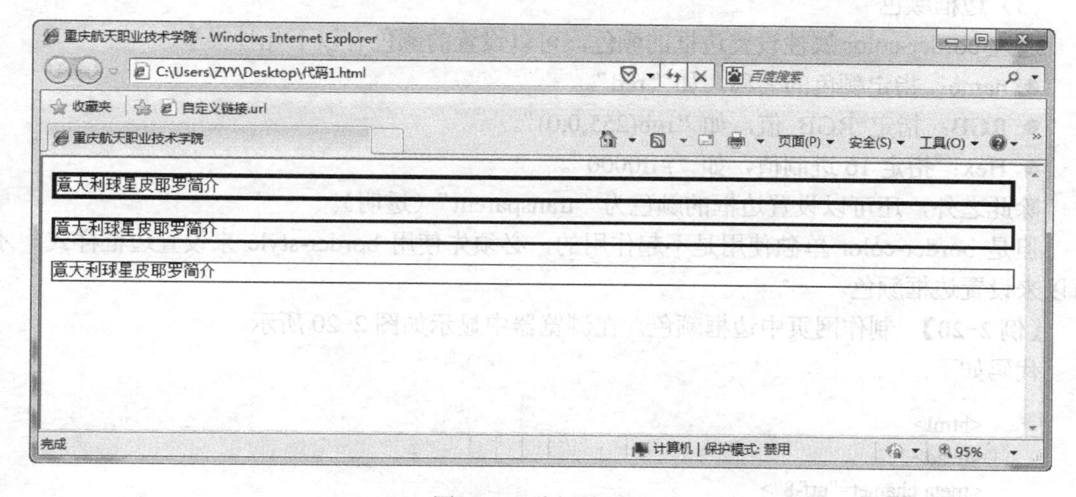

图 2-19 边框效果图

代码如下：

```
<html>
<head>
<meta charset="utf-8">
<title>重庆航天职业技术学院</title>
<style>
p.1
{
        border-style:solid;
        border-width:5px;
}
p.2
{
        border-style:solid;
        border-width:medium;
}
p.3
{
        border-style:solid;
        border-width:1px;
}
</style>
</head>
<body>
<p class="1">意大利球星皮耶罗简介</p>
<p class="2">意大利球星皮耶罗简介</p>
<p class="3">意大利球星皮耶罗简介</p>
</body>
</html>
```

该例通过 border-width 属性来指定宽度，就会得到不同的效果图。

（3）边框颜色

通过 border-color 属性设置边框的颜色，可以设置的颜色有以下几种类型。

- name：指定颜色的名称，如“red”。
- RGB：指定 RGB 值，如“rgb(255,0,0)”。
- Hex：指定 16 进制值，如“#ff0000”。

除此之外，还可以设置边框的颜色为“transparent”（透明）。

但是 border-color 单独使用是不起作用的，必须先使用 border-style 来设置边框样式，才可以来设置边框颜色。

【例 2-20】 制作网页中边框颜色，在浏览器中显示如图 2-20 所示。

代码如下：

```
<html>
<head>
<meta charset="utf-8">
<title>重庆航天职业技术学院</title>
```

```
<style>
p.1
{
        border-style:solid;
        border-color:blue;
}
p.2
{
        border-style:solid;
        border-color:#0000ff;
}
</style>
</head>
<body>
<p class="1">意大利球星皮耶罗简介</p>
<p class="2">意大利球星皮耶罗简介</p>
</body>
</html>
```

该例中使用 border-color 定义了边框颜色为蓝色。

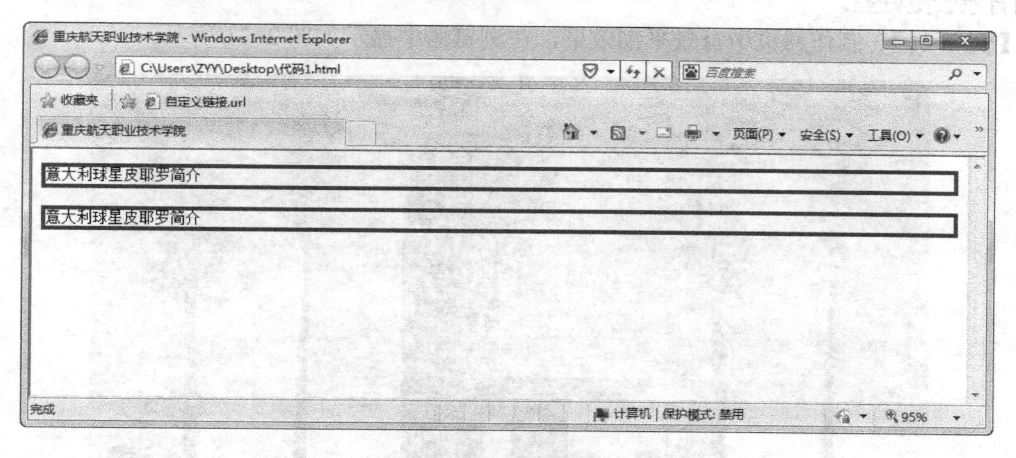

图 2-20　边框颜色效果图

2. CSS 背景属性

CSS 允许应用纯色作为背景，也允许使用背景图像创建相当复杂的效果，CSS 在这方面的能力远远在 HTML 之上。

（1）背景色

用户可以使用 background-color 属性为元素设置背景色，这个属性接受任何合法的颜色值。以下规则把元素的背景设置为蓝色：

```
p {background-color: blue;}
```

如果希望背景色从元素中的文本向外稍有延伸，只需增加一些内边距：

```
p {background-color: blue; padding: 20px;}
```

（2）背景图像

要把图像放入背景，需要使用 background-image 属性。background-image 属性的默认值是 none，表示背景上没有放置任何图像。

如果需要设置一个背景图像，必须为这个属性设置一个 URL 值：

```
body {background-image:url('img/1.jpg');}
```

大多数背景都应用到 body 元素，不过并不仅限于此。下面例子为一个段落应用了一个背景，而不会对文档的其他部分应用背景：

```
p.flower {background-image: url('img/2.jpg');}
```

甚至可以为行内元素设置背景图像，下面的例子为一个链接设置了背景图像：

```
a.radio {background-image: url('img/3.jpg');}
```

（3）水平或垂直平铺

默认情况下，background-image 属性会在页面的水平或者垂直方向平铺。一些图像如果在水平方向与垂直方向平铺，这样看起来很不协调，如果图像只在水平方向平铺（repeat-x），页面背景会更好些。

【例 2-21】 制作网页中背景平铺效果，在浏览器中显示如图 2-21 所示。

图 2-21　水平方向平铺效果图

代码如下：

```
<html>
<head>
<meta charset="utf-8">
<title>重庆航天职业技术学院</title>
</head>
<style>
body
```

```
{
    background-image:url('1.jpg');
    background-repeat:repeat-x;
}
</style>
</head>
<body>
<h1>美丽的毛里求斯</h1>
</body>
</html>
```

该例中的图像只在水平方向平铺背景。

除此之外背景还有其他一些属性，如表 2-2 所示。

表 2-2　背景属性

属　性	描　述
background	简写属性，作用是将背景属性设置在一个声明中
background-attachment	背景图像是否固定或者随着页面的其余部分滚动
background-color	设置元素的背景颜色
background-image	把图像设置为背景
background-position	设置背景图像的起始位置
background-repeat	设置背景图像是否及如何重复

2.3.8　网页元素的定位

CSS 为定位和浮动提供了一些属性，利用这些属性，可以建立列式布局，将布局的一部分与另一部分重叠，还可以完成多年来通常需要使用多个表格才能完成的任务。定位的基本思想很简单，它允许定义元素框相对于其正常位置应该出现的位置，或者相对于父元素、另一个元素甚至浏览器窗口本身的位置。

定位通常有以下 4 种不同的方法。

1. static 定位

HTML 元素的默认值，即没有定位，元素出现在正常的流中。静态定位的元素不会受到 top、bottom、left、right 影响。

2. fixed 定位

fixed 定位了元素的位置相对于浏览器窗口是固定位置。即使窗口滚动，它也不会跟窗口移动，如下例。

【例 2-22】 制作网页中的 fixed 定位效果，在浏览器中显示如图 2-22 所示。

代码如下：

```
<html>
<head>
<meta charset="utf-8">
<title>重庆航天职业技术学院</title>
<style>
```

```
p.pos_fixed
{
        position:fixed;
        top:30px;
        right:5px;
}
</style>
</head>
<body>
<p class="pos_fixed">意大利球星皮耶罗</p>
<p>意大利</p><p>意大利</p><p>意大利</p><p>意大利</p><p>意大利</p><p>意大利</p><p>意大利</p><p>意大利</p><p>意大利</p><p>意大利</p><p>意大利</p><p>意大利</p><p>意大利</p><p>意大利</p><p>意大利</p><p>意大利
</body>
</html>
```

从图中可以看见不管网页如何滚动，“意大利球星皮耶罗”这几个字始终在右上角。

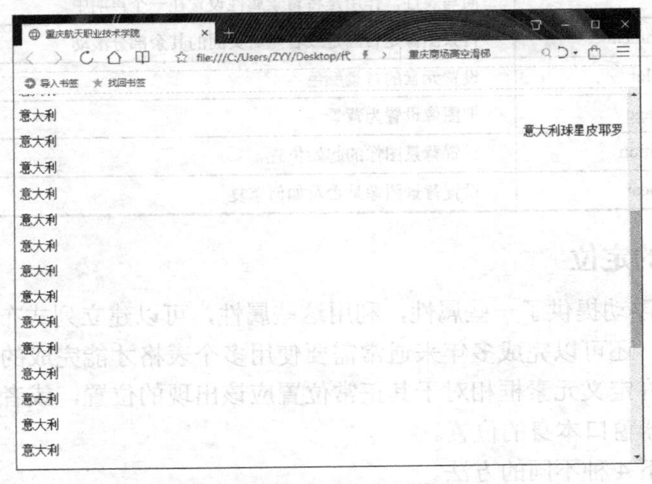

图 2-22　fixed 定位效果图

3. relative 定位

相对定位（relative）是相对元素默认位置的定位。比如默认标题位，默认正文位等。

【例 2-23】 制作网页中的 relative 定位效果，在浏览器中显示如图 2-23 所示。

图 2-23　relative 定位效果图

代码如下：

```
<html>
<head>
<meta charset="utf-8">
<title>重庆航天职业技术学院</title>
<style>
h2.pos_left
{
        position:relative;
        left:-20px;
}
</style>
</head>
<body>
<h2>意大利球星皮耶罗 1</h2>
<h2 class="pos_left">意大利球星皮耶罗 2</h2>
</body>
</html>
```

如图 2-23 所示，“意大利球星皮耶罗 1”这几个字是默认的标题位，当使用了 relative 定位“意大利球星皮耶罗 2”时就会发现，“意大利球星皮耶罗 2”相对于“意大利球星皮耶罗”这几个字的位置向左移动了 20px。

4. absolute 定位

绝对定位的元素的位置相对于最近的已定位父元素，如果元素没有已定位的父元素，那么它的位置相对于<html>。

【例 2-24】 制作网页中的 absolute 定位效果，在浏览器中显示如图 2-24 所示。

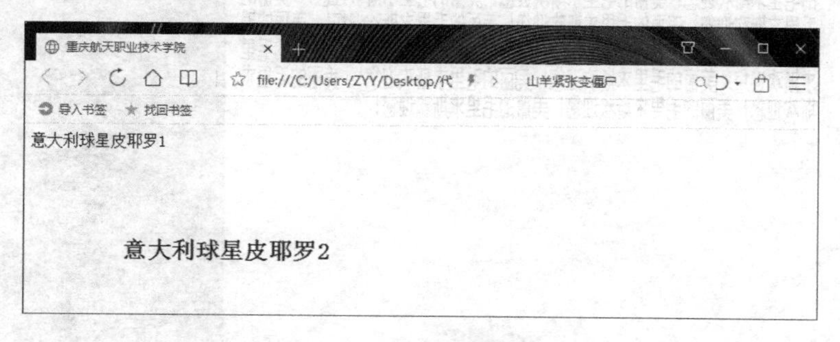

图 2-24　absolute 定位效果图

代码如下：

```
<html>
<head>
<meta charset="utf-8">
<title>重庆航天职业技术学院</title>
<style>
h2
{
```

```
        position:absolute;
        left:100px;
        top:150px;
    }
    </style>
    </head>
    <body>
    <h2>意大利球星皮耶罗 2</h2>
    <p>意大利球星皮耶罗 1</p>
    </body>
    </html>
```

在该例中，不管把“意大利球星皮耶罗 2”放在代码的任何位置，它都会出现在定位好了的位置上。

2.3.9 网页元素的浮动

CSS 的 float（浮动）会使元素向左或向右移动，其周围的元素也会重新排列。float（浮动）往往是用于图像，但它在布局时一样非常有用。

1. 元素的浮动

元素在水平方向浮动的时候，就代表着元素只能左右移动而不能上下移动。这个时候一个浮动元素会尽量向左或向右移动，直到它的外边缘碰到包含框或另一个浮动框的边框为止。浮动元素之后的元素将围绕它，浮动元素之前的元素将不会受到影响。

【例 2-25】 制作网页中浮动效果，在浏览器中显示如图 2-25 所示。

图 2-25 元素右浮动效果图

代码如下：

```
    <html>
    <head>
```

```
<meta charset="utf-8">
<title>重庆航天职业技术学院</title>
</head>
<style>
img
{
       float:right;
}
</style>
</head>
<body>
<p>
<img src="1.jpg" width="200" height="200" />
美丽的毛里求斯欢迎您！美丽的毛里求斯欢迎您！美丽的毛里求斯欢迎您！
美丽的毛里求斯欢迎您！美丽的毛里求斯欢迎您！美丽的毛里求斯欢迎您！
</p>
</body>
</html>
```

该例中把图像设置为右浮动，文本流环绕在它左边。

2. 彼此相邻的浮动元素

在网页中把几个浮动的元素放到一起，如果有空间的话，它们将彼此相邻。对图片使用 float 属性，就会发现所有图片彼此相邻在一起。当网页页面变大或者变小时，图片也会跟到页面变化位置。

【例 2-26】 制作网页中的彼此相邻的浮动元素，在浏览器中显示如图 2-26 和图 2-27 所示。

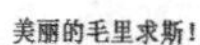

图 2-26　多图片浮动效果 A

图 2-27　多图片浮动效果 B

```
<html>
<head>
<meta charset="utf-8">
<title>重庆航天职业技术学院</title>
</head>
<style>
thumbnail
{
        float:left;
        width:110px;
        height:90px;
        margin:5px;
}
</style>
</head>
<body>
<h3>美丽的毛里求斯！</h3>
<img class="thumbnail"  src="img/1.jpg"  width="200"  height="200">
<img class="thumbnail"  src="img/2.jpg"  width="200"  height="200">
<img class="thumbnail"  src="img/3.jpg"  width="200"  height="200">
<img class="thumbnail"  src="img/4.jpg"  width="200"  height="200">
<img class="thumbnail"  src="img/5.jpg"  width="200"  height="200">
</body>
</html>
```

2.3.10 CSS 动画效果的实现

一些 CSS 属性是可以有动画效果的，这意味着它们可以用于动画和过渡。动画属性可以逐渐从一个值变化到另一个值，如尺寸大小、数量、百分比和颜色。如需在 CSS 中创建动画，首先要了解@keyframes 规则。@keyframes 规则用于创建动画，在@keyframes 中规定某项 CSS 样式，就能创建由当前样式逐渐改为新样式的动画效果。

【例 2-27】 制作 CSS 中的动画效果，在浏览器中显示如图 2-28 和图 2-29 所示。

图 2-28　变化前

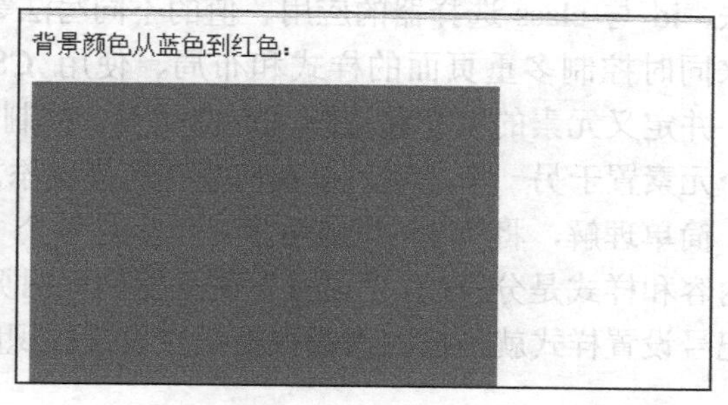

图 2-29　变化后

代码如下：

```
<html>
<head>
<meta charset="utf-8">
<title>重庆航天职业技术学院</title>
<style>
#myDIV
{
        width:300px;
        height:200px;
        background:blue;
        animation:mymove 5s infinite;
        -webkit-animation:mymove 5s infinite;
}
@keyframes mymove
        {
        from {background-color:blue;}
        to {background-color:red;}
}
@-webkit-keyframes mymove
{
        from {background-color:blue;}
        to {background-color:red;}
}
</style>
</head>
<body>
<p>背景颜色从蓝色到红色：<p>
```

```
<div id="myDIV"></div>
</body>
</html>
```

该例中背景颜色逐渐地从红色变化到蓝色。

2.4 小结

在本章中讲解了 CSS 的起源与发展，并且通过实例了解了 CSS 的优势，介绍了 CSS 的语法、id 与 class 选择器的应用、值的不同写法等，还介绍了 CSS 的应用技巧，如创建样式表来同时控制多重页面的样式和布局、使用 CSS 来添加背景、格式化文本以及格式化边框，并定义元素的填充和边距、定位元素、控制元素的可见性和尺寸、设置元素的形状、将一个元素置于另一个之后，以及向某些选择器添加特殊的效果，比如链接。

简单理解，将 CSS 说成两步，一步是做个“记号”，另一步是根据记号设置样式。网页的内容和样式是分开的。“记号”便是能标识网页中某部分内容的关键字词（选择器），而根据记号设置样式就是按图索骥根据记号设置标识的那部分内容的样式。

2.5 实训

1．实训目的

通过本章实训了解 CSS3 的书写方式和运行方式，掌握使用 CSS3 美化 HTML5 网页的方式。

2．实训内容

1）使用 HTML 制作网页。

垂直导航栏的全样式：

```
<html>
<head>
<meta charset="utf-8">
<title>重庆航天职业技术学院</title>
<style>
ul
{
    list-style-type:none;
    margin:0;
    padding:0;
}
a:link,a:visited
{
    display:block;
    font-weight:bold;
    color:#FFFFFF;
    background-color:#98bf21;
    width:120px;
```

```
        text-align:center;
        padding:4px;
        text-decoration:none;
        text-transform:uppercase;
    }
    a:hover,a:active
    {
        background-color:#7A991A;
    }
    </style>
    </head>
    <body>
    <ul>
    <li><a href="#FN">足球新闻</a></li>
    <li><a href="#BN">篮球新闻</a></li>
    <li><a href="#VN">排球新闻</a></li>
    <li><a href="#GN">游戏新闻</a></li>
    </ul>
    </body>
    </html>
```

水平导航栏：

```
    <html>
    <head>
    <meta charset="utf-8">
    <title>重庆航天职业技术学院</title>
    <style>
    ul
    {
        list-style-type:none;
        margin:0;
        padding:0;
        overflow:hidden;
    }
    li
    {
        float:left;
    }
    a:link,a:visited
    {
        display:block;
        width:120px;
        font-weight:bold;
        color:#FFFFFF;
        background-color:#98bf21;
        text-align:center;
        padding:4px;
        text-decoration:none;
```

```
        text-transform:uppercase;
}
a:hover,a:active
{
        background-color:#7A991A;
}
</style>
</head>
<body>
<ul>
<li><a href="#FN">足球新闻</a></li>
<li><a href="#BN">篮球新闻</a></li>
<li><a href="#VN">排球新闻</a></li>
<li><a href="#GN">游戏新闻</a></li>
</ul>
</body>
</html>
```

2）创建一个 CSS 按钮菜单。

```
<html>
<head>
<meta charset="utf-8">
<title>重庆航天职业技术学院</title>
<style>
.dropbtn {
      background-color: #4AAF50;
      color: white;
      padding:16px;
      font-size:16px;
      border: none;
      cursor: pointer;
}
.dropdown {
      position: relative;
      display: inline-block;
}
.dropdown-content {
      display: none;
      position: absolute;
      background-color: yellow;
      min-width: 160px;
      box-shadow: 0px 8px 16px 0px rgba(0,0,0,0.2);
}
.dropdown-content a {
      color: blue;
      padding: 12px 16px;
      text-decoration: none;
      display: block;
```

```
    }
    .dropdown-content a:hover {background-color: #f1f1f1}
    .dropdown:hover .dropdown-content {
        display: block;
    }
    .dropdown:hover .dropbtn {
        background-color: #3e8e41;
    }
</style>
</head>
<body>
<h2>主页按钮</h2>
<div class="dropdown">
  <button class="dropbtn">主页按钮</button>
  <div class="dropdown-content">
    <a href="www.cqepc.cn">主页 1</a>
    <a href="www.cqepc.cn">主页 2</a>
    <a href="www.cqepc.cn">主页 3</a>
  </div>
</div>
</body>
</html>
```

2.6 习题

1. 选择题

（1）在 CSS 语言中，“左边框”的语法是（　　）。

A．border-left-width: <值>　　B．border-top-width: <值>

C．border-left: <值>　　D．border-top-width: <值>

（2）在 CSS 中不属于添加在当前页面的形式是（　　）。

A．内联式样式表　　B．嵌入式样式表

C．层叠式样式表　　D．链接式样式表

（3）下列选项中，（　　）是 CSS 正确的语法构成。

A．body:color=black　　B．{body;color:black}

C．body {color: black;}　　D．{body:color=black(body}

（4）给所有的<h1>标签添加背景颜色的语句是（　　）。

A．.h1 {background-color:#FFFFFF}　　B．h1 {background-color:#FFFFFF;}

C．h1.all {background-color:#FFFFFF}　　D．#h1 {background-color:#FFFFFF}

（5）去掉文本超级链接的下画线的语法是（　　）。

A．a {text-decoration:no underline}　　B．a {underline:none}

C．a {decoration:no underline}　　D．a {text-decoration:none}

2. 实操题

完成下面效果：当鼠标移动到指定元素上时，出现下拉菜单，如图 2-30 所示。

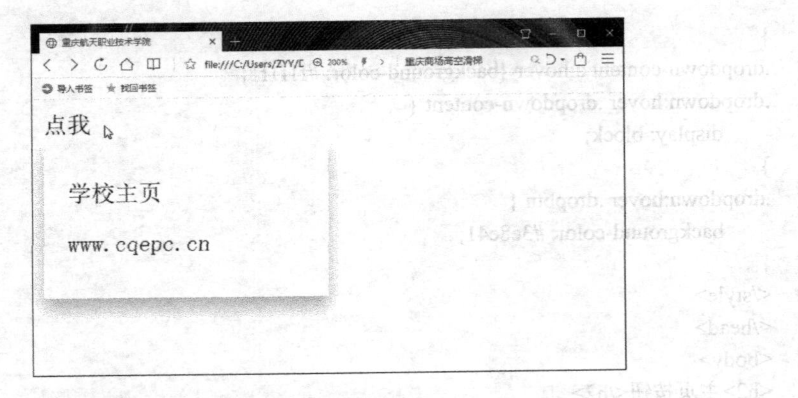

图 2-30　下拉菜单操作

第 3 章　HTML5+CSS 网页布局设计

本章要点

- HTML5 响应式布局概念
- HTML5 响应式布局设计原理
- HTML5 网站标题栏、正文区域、页脚栏等布局设计方式
- HTML5 微信网站、新闻网站的设计方法
- HTML5 与 CSS3 的设计方式

响应式布局介绍

3.1　响应式布局的概念

3.1.1　什么是响应式布局

响应式布局的概念最早是由伊桑·马科特于 2010 年提出的，简而言之是指在 Web 中的网页能自动识别屏幕宽度并做出相应调整的网站设计。他的这个想法最终获得了实现，并因此解决了目前市面上用户使用的各种智能移动设备在浏览网页时遇到的分辨率不匹配的问题。

响应式布局的实质就是让用户在使用各种不同的设备浏览网站时都能得到较好的视觉效果的方法。比方说一个用户先后使用计算机和智能手机浏览相同的网站，虽然智能手机的屏幕尺寸远小于计算机显示器，但是用户却没有感到任何的差异，这就是响应式布局带来的好处。随着使用智能设备连到因特网中的用户数量的不断增加，响应式布局的优点就更加明显。在响应式布局的网站设计中，一个网站可以兼容多个终端，如计算机、智能手机以及各种移动设备，使用户体验到舒适的上网感觉。因此，响应式布局的网站设计更加人性化，更加符合时代的发展和人们的上网需求。

在实际设计中主要使用 HTML5 与 CSS3 相结合的方式来完成整个页面的制作。

响应式布局的主要优点如下：

- 网站在面对各种上网设备时灵活性强，能够解决设备屏幕的显示问题。
- 以移动端用户的体验为主，使用方便，不需要安装任何的 App。

但是目前响应式布局网站也存在一些问题：

- 要兼容各种设备，效率可能较低。
- 在实际运行中可能会增加加载时间。

因此随着移动互联网的进一步发展，响应式布局网站会变得越来越普及。

响应式布局网站页面如图 3–1 所示。

图 3-1 响应式布局页面

想一想：响应式布局网站与一般的网页有什么区别？

3.1.2 移动端的设计特点

响应式布局的网站设计要兼容台式机用户和移动端用户的不同设备，考虑用户的体验，在设计中要遵循的原则为“用户第一，设计先行，内容优先，移动优先”。在网站设计时，主要针对移动端客户进行交互，把最重要的内容展现在屏幕上，让用户随时随地感受互联网的魅力。

具体的设计特点如下：

- 坚持把用户的需求与感受放在第一位。
- 把网站的设计方式做了全新的诠释。
- 在用户使用移动设备浏览该网站时，主要内容总是会呈现在屏幕上。
- 响应式布局在面对台式机用户和移动端用户时主要以移动端用户为主。

如图 3-2 所示显示了携程网的手机版页面。

在图 3-2 所示的手机版页面中，网页页面能够根据用户的手机屏幕大小自动调整，显示网站中最主要的内容，以满足用户的需求。

想一想：网站为什么要应用响应式布局设计？

图 3-2　响应式布局页面携程网

3.1.3　响应式布局实例欣赏

响应式布局设计的概念从提出至今得到了各方面的广泛认可，目前很多网站都使用该模式来设计，以方便移动用户的浏览。

下面是几个典型的响应式布局实例，如图 3-3～图 3-6 所示。

图 3-3　响应式布局实例 1

图 3-4　响应式布局实例 2

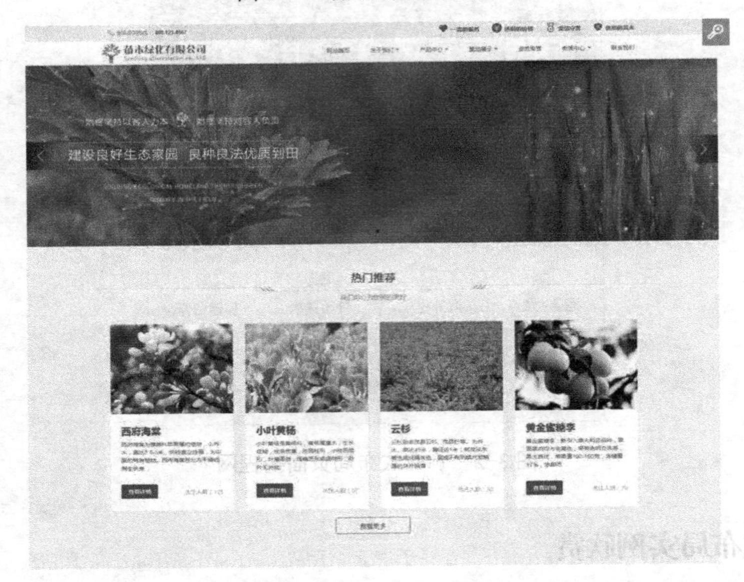

图 3-5　响应式布局实例 3

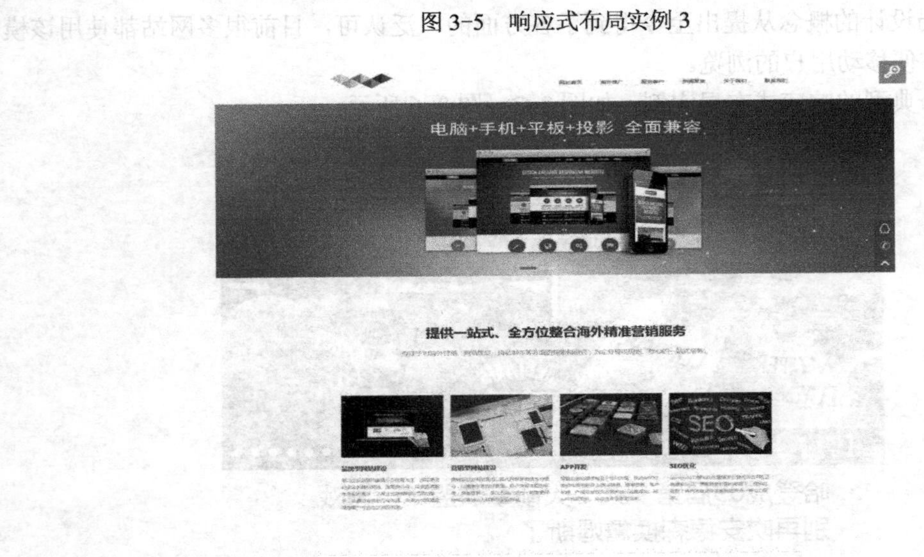

图 3-6　响应式布局实例 4

在响应式布局网站中，页面的大小可以自动调整以适应不同的移动设备。目前响应式布局网站在国外制作比较成熟，知名的有苹果、IBM、微软等。国内的响应式布局网站还在不断地摸索和发展中。

3.2 响应式布局设计原理

3.2.1 流式布局

响应式布局最主要的两个技术分别是流式布局和媒体查询。其中流式布局是利用一套灵活的流体网格体系进行网站布局，在设计时使用相对单位（百分比）调整动态的网格宽度。因此不管设置的宽度怎样变化，每一个网格的比例都是一定的，这样可以适应不同的设备，兼容不同的浏览器版本。

在流式布局中，需要将网站样式从以往的固定布局修改为百分比布局，计算公式如下：

目标元素宽度÷上下文元素宽度=百分比宽度

例如，在固定宽度的设计中，主要栏的宽度只需要除以容器或者上下文的宽度：

600px ÷ 960px = 0.625= 62.5%

在网页中 HTML 代码如下：

```
<div id="main">
  <section>...</section>
  <aside>...</aside>
  <footer>...</footer>
```

采用固定样式设计代码如下：

```
.main{
     width:900px; }
     section{
       width:680px;
       float:left;
       margin: 10px
}
aside{
   width:300px;
   float:right;}
footer{
   width:840px;
   float:left;
   clear:both;
}
```

转换为流式布局代码如下：

```
.main{
    max-width:900px;
    }
section{
    width:77.55%;    /*680÷900*/
    float:left;
    margin: 1.11%      /*10÷900*/
}
    aside{
    width:33.33%;       /*300÷900*/
    float:right;
}
footer{
    width:93.33%;       /*840÷900*/
    float:left;
    clear:both;
}
```

通过百分比的宽度设置更好地满足智能手机的上网需求。其中语句 max-width:900px 页面的最大宽度为 900px，表示页面的大小不会超过 900 像素。

3.2.2 媒体查询

响应式布局中另一项重要的技术是媒体查询。媒体查询技术是 CSS3 的一个新特性，是对媒体类型的扩展。通过媒体查询技术，可以为特定的浏览器提供特定的样式，供浏览者使用。不同手机屏幕显示如图 3-7 所示。

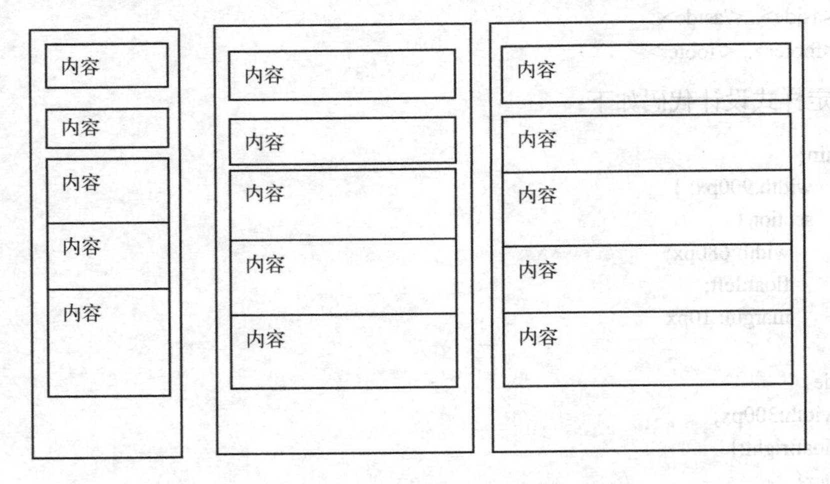

图 3-7 不同屏幕的内容显示

从图 3-7 可以看出，不管屏幕的大小有什么不同，网页中的核心内容部分都会显示在屏幕上。

媒体查询常见的功能如下：

- 获取设备的宽和高 device-width、device-height 显示屏幕/触觉设备。

- 渲染窗口的宽和高 width、height 显示屏幕/触觉设备。
- 设备的手持方向，横向还是竖向 orientation(portrait|lanscape)和打印机等。
- 画面比例 aspect-ratio 点阵打印机等。

媒体查询一般在 CSS 中定义，最常见的使用方式是设置屏幕的宽度，语法如下：

```
@media 设备名 only (选取条件) not (选取条件) and(设备选取条件)，设备二{sRules}
```

在使用前，还需要在网页的头部区域加入下面这行代码：

```
<meta name="viewport" content="width=device-width, initial-scale=1.0">
```

该语句使用 meta 标记重写了默认的视口，并帮助加载与特定视口相关的样式。其中 width 属性设置屏幕宽度，它包含一个值，比如 320，表示 320 像素，或者值为“device-width”，用来告诉浏览器使用原始的分辨率。initial-scale 属性是视口最初的比例。当设置为 1.0 时，将呈现设备的原始宽度。

常见的设置如下：

```
@media   screen and(max-width:1024px)//设置小于 1024px 样式
@media   screen and(max-width:600px)//设置小于 600px 样式
@media   screen and(max-width:480px)//设置小于 480px 样式
@media   screen and(min-width:600px) and (max-width:1024)//设置屏幕宽度在 600～1024px 之间的样式
@media   screen and(max-device-width:480px)//设置手机屏幕实际分辨率小于 480px
```

媒体查询网页实例如图 3-8 所示。

图 3-8　媒体查询技术的网页实现

使用媒体查询技术制作出的页面可以适应不同屏幕的设备，方便在手机浏览器上阅读并且浏览者可以通过大拇指的左右滑动轻松地操作页面中的导航栏目。

3.3　网页标题与导航栏目的设计与制作

标题栏目的设计

3.3.1　标题栏目与导航栏目设计思路

网站标题栏目一般放在首页的正文部分的最前面。为了引人注目，通常由背景和文字两部分组成。背景部分一般是矩形区域并配有不同的颜色，文字部分一般居中。

在 HTML5 中的网页标题区域一般由标记<header>实现。

在标题之下便是网页的导航部分，主要用于引导浏览者访问该网站的目标页面。一个网站中至少应包含一个导航页面，这样可以轻松地帮助浏览者进行导航。在导航区域一般由多个紧靠的区块组成，区块中配有导航的标识文字和背景颜色。

在 HTML5 中的导航区域一般由标记<nav>实现。

【例 3-1】 制作网站的标题栏目与导航栏目，在浏览器中显示如图 3-9 所示。

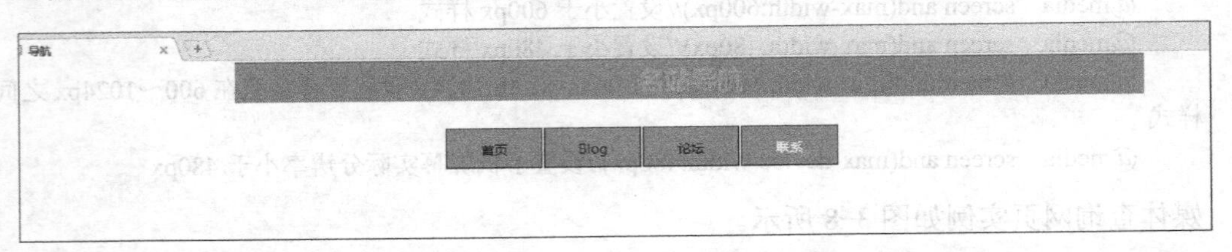

图 3-9　标题栏目与导航栏目的制作效果

3.3.2　标题栏目设计过程

1）书写 HTML5 代码，将标题栏目放在<header>区域中：

```
<header class=" cui-header">
<h1 class="tc"><a href="#">名站导航</a></h1>
</header>
```

在<header>标记中用 class=" cui-header"命名标题部分的整个区域，以方便样式表的设置。用 class="tc"命名标题中的文字内容，并设置超链接<a href="#">名站导航</a>显示文字效果。

2）书写该 HTML 的样式表，并保存为"main.css"。

① 设置样式表中的标题区域内容样式。

- 设置标题栏目的宽度大小：width:50%;
- 设置标题栏目的对齐方式为上下边距 0，左右对齐显示：margin:0 auto;
- 设置标题栏目的背景颜色为绿色：background-color: green;;
- 设置标题栏目的高度大小为 44 像素：height: 44px;
- 设置标题栏目的文字行高大小为 44 像素：line-height: 44px;

对应的代码如下：

```
. cui-header {
  height: 44px;
  line-height: 44px;
  background-color: green;
  width:50%;
  margin:0 auto;}
```

② 设置标题栏目中的文字显示居中。

```
text-align: center;
```

对应的代码如下：

```
.tc {
   text-align: center;}
```

③ 设置标题栏目中的文字颜色为红色。

```
color:red;
```

对应的代码如下：

```
.tc a{
  color:red;
}
```

④ 设置标题栏目中的文字链接效果，当鼠标移动至文字上时颜色变化为白色。

```
color:white;
```

对应的代码如下：

```
a:hover{
  color:white;
  text-decoration: none;
}
```

其中语句 text-decoration: none;表示去掉超链接中的下画线效果。

⑤ 设置标题栏目中的文字超链接：

```
a{
  text-decoration:none;
}
```

值得注意的是：在 CSS 中可以设置超链接的各种属性，常见的有字体、颜色、背景、下画线等，该例使用了 CSS 中的伪类。超链接常见伪类如下所示：

- a:link 表示超链接样式；
- a:hover 表示当鼠标经过超链接样式；
- a:active 表示单击超链接样式；
- a:visited 表示已访问过的超链接样式。

在该例中当鼠标移动到页面中标题上的链接时，标题文字的颜色会变成白色。

3.3.3 为标题栏目加入其他效果

在制作网站标题栏目时，有时候需要在其中加入点缀效果，如在标题文字的前后加入其他的符号等。

【例 3-2】 制作网站标题栏目的其他样式，在浏览器中显示如图 3-10 所示。

图 3-10 标题栏目的点缀效果

该例在标题栏目的左侧加入了“<”，右侧加入了“+”以加强显示效果。具体制作过程如下：

1）书写 HTML5 代码。

```
<header class=" cui-header">
<h1 class="tc"><a href="#">首页</a><div class="r"><a href="#"><</a></div>
<div class="w"><a href="#">+</a></div></h1>
</header>
```

将文字部分书写为“首页”，加入<div class="r"><a href="#"><</a></div>语句，设置左侧的“<”部分内容，并通过命名 class="r"来实现。最后再加入<div class="w"><a href="#">+</a></div>语句，设置右侧的“+”部分内容，以 class="w"命名实现。

2）书写该 HTML 的样式表，并保存为“main.css”。

由于该例在标题文字左右出现了符号，因此要在 CSS 中设置左右符号的定位效果。

设置左侧符号的样式表效果，对应的代码如下：

```
.r{
    float:left;
}
```

设置右侧符号的样式表效果，对应的代码如下：

```
.w{
    float:right;
}
```

值得注意的是：在 CSS 中任意元素都可以设置为浮动元素，本例中通过浮动效果设置符号在标题栏中的左右位置。float 用于设置对象靠左与靠右浮动样式，一般使用如下语法格式：

```
div{ float:left;}
div{ float: right;}
```

在 CSS 中要区分与文字内容靠左（text-align:left）靠右（text-align:right）样式，浮动只针对 html 标签设置靠左靠右浮动样式。float 浮动样式没有靠中（浮动居中）的样式。

练一练

制作如图 3-11 所示的网站标题，该标题栏目里有多个文字内容。

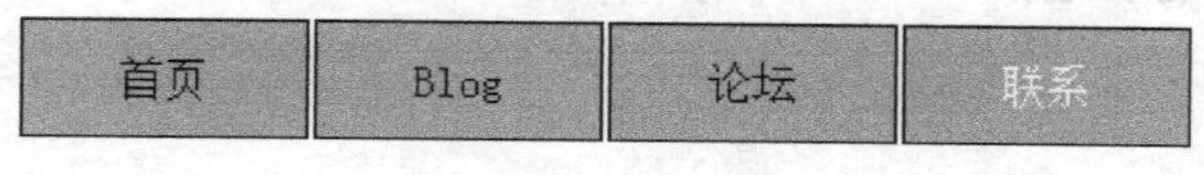

图 3-11 网站的标题栏目

提示：在<header>区域中加入如下代码：

```
<h1 class="tc"><a href="#">新闻  军事  体育  娱乐 科技  财经 房产</a></h1>
```

3.3.4 导航栏目设计过程

网页中的导航栏通常放在<body>区域中，用<nav>描述，并使用无序列表<ul>来排列每个导航栏目。该例中的导航栏出现了“首页”“Blog”“论坛”“联系”等文字，在浏览器中显示如图 3-12 所示。

首页	Blog	论坛	联系

图 3-12 导航栏目

1）书写 HTML5 代码如下：

```
<body>
<ul id="nav">
<li><a href="#">首页</a></li>
<li><a href="#">Blog</a></li>
<li><a href="#">论坛</a></li>
<li><a href="#"><span class="coloryellow">联系</span></a></li>
</ul>
</body>
```

使用<ul id="nav">标记来制作导航部分，并命名为“nav”。其中 li 表示无序列表项。在“联系”区域里使用了<span class="coloryellow">语句以设置该区域的字体具有不同的颜色。

2）书写该 HTML 代码对应的样式表，并保存为“style.css”。

① 设置样式表中的导航区域内容样式。

设置导航栏目的左侧距离，对应的代码如下：

```
#nav{
  margin-left:400px;
}
```

② 设置样式表中的导航区域排列样式。

设置导航栏目的水平排列方式，对应的代码如下：

```
#nav li{
  float:left;
```

```
}
```

③ 设置样式表中的导航区域内文字样式。

- 设置导航栏目的文字颜色：color:#000000;
- 将导航栏目的文本样式清除：text-decoration:none;
- 设置导航栏目的文字上内边距：padding-top:12px;
- 设置导航栏目的文字为区块显示：display:block;
- 设置导航栏目的每一个文字区域宽度：width:100px;
- 设置导航栏目的每一个文字区域高度：height:30px;
- 设置导航栏目的文字居中：text-align:center;
- 设置导航栏目的背景为绿色：background-color:green;
- 设置相邻导航栏目的间距：margin-left:2px;
- 设置导航栏目的上边框：border-top:1px solid black;
- 设置导航栏目的下边框：border- bottom:1px solid black;
- 设置导航栏目的左边框：border- left:1px solid black;
- 设置导航栏目的右边框：border- right:1px solid black;

对应的代码如下：

```
#nav li a{
    color:#000000;
    text-decoration:none;
    padding-top:12px;
    display:block;
    width:100px;
    height:30px;
    text-align:center;
    background-color:green;
    margin-left:2px;
    border-top:1px solid black;
    border-bottom:1px solid black;
    border-left:1px solid black;
    border-right:1px solid black;
}
```

④ 设置样式表中的导航区域列表项样式。

清除导航栏目的列表项样式，对应的代码如下：

```
ul {
  list-style: none;
}
```

值得注意的是：

- 使用 list-style-type 属性可以设置列表项目左边显示的项目符号类型。项目符号包含 disc、circle 和 square。

使用 list-style-type:none 属性隐藏设置列表项目左边显示的项目符号类型。

使用 list-style-image 属性可以在列表项目位置显示图片。

使用 display:list-item 属性可以将任意元素显示为列表项目。

使用 list-style-image 属性如下所示：

```
<!DOCTYPE html>
<html>
<head>
<title>导航</title>
<style type=text/css>
ol,ul{
    font-size:26px;
}
.img1{list-style-image:url(images/1.png);}
.img2{list-style-image:url(images/2.png);}
</style>
</head>
<body>
<ul class="img1">
<li>列表为符号</li>
<li>列表为符号</li>
<li>列表为符号</li>
<li>列表为符号</li>
</ul>
<ol class="img2">
<li>列表为符号</li>
<li>列表为符号</li>
<li>列表为符号</li>
<li>列表为符号</li>
</ol>
</body>
</html>
```

- background-color 用来设置网页、div 等元素的背景颜色。基本语法如下：

```
background-color:颜色取值
```

⑤ 设置样式表中的导航区域当鼠标移动至上面的效果。

- 设置导航栏目的背景颜色变化样式：background-color:#bbbbbb;
- 设置导航栏目的文字颜色变化样式：color:#ffffff;

对应的代码如下：

```
#nav li a:hover{
    background-color:#bbbbbb;
    color:#ffffff;
}
```

⑥ 设置样式表中的导航区域"联系"文字效果。

设置文字颜色为白色：color:white;

在该例中使用了 CSS 中的框模型，框模型结构如图 3-13 所示。

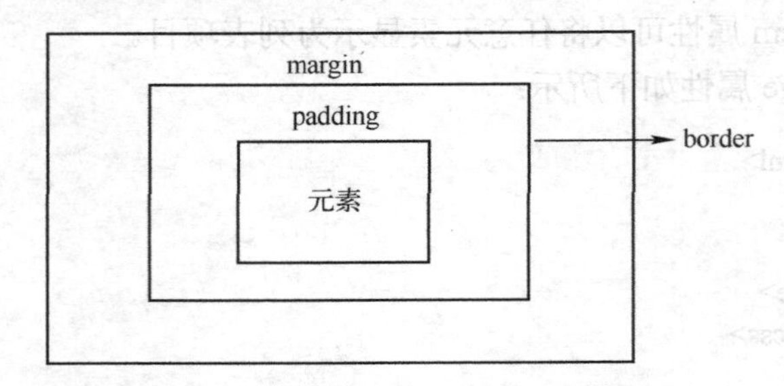

图 3-13　框模型

在框模型中，网页元素在最中间，外面是 padding，称为内边距或填充；再外面是 margin，称为外边距或空白区域。内边距和外边距都是可选的，默认值为零，可以在最开始设置。

```
*{
  margin:0;
  padding:0;
}
```

其中 margin 可以设置 4 个值，分别对应上右下左：

```
margin-top{};
margin-right{};
margin-bottom{};
margin-left{};
```

如写为 div{ margin：10px 10px 20px 20px }表示 div 元素的上外边距、右外边距、下外边距和左外边距的值依次为 10px、10px、20px、20px。

在实际的书写中可以简写：

div{margin:0 auto}表示将 div 元素的上下边距设为 0，左右边距自动，一般为居中。

div{margin:5px 10px}表示将 div 元素的上下边距设为 5px，左右边距设为 10px。

div{margin:5px 10px 5px}表示将 div 元素的上下边距设为 5px，左右边距设为 10px。

值得注意的是：在大多数元素中，margin:auto 的效果与 margin:0 相同（无外边距）。

在内边距 padding 的设置中，可以这样书写：

div{padding:10px;}表示该 div 元素的各边有 10px 的内边距。与 margin 相似，padding 也可以有 4 种书写方式，分别对应上右下左：

```
padding-top{};
padding-right{};
padding-bottom{};
padding-left{};
```

border 为边框。元素的边框指围绕元素四周的一条或多条线，使用边框属性可以创造出良好的效果，语法如下：

div{border：1px solid black}表示为 Div 元素设置了边框，div 表示的是常见的盒模型，也是一个块级元素，可以用来定义文档中的分区。在该例中 Div 元素的边框宽度为 1px；样式为 solid，表示实线；颜色为 black，表示黑色。可为边框的四周设置样式，语法如下：

- border-top:上边框。
- border-bottom:下边框。
- border-left:左边框。
- border-right:右边框。

在 CSS3 中，还可以使用圆角边框，基本语法如下：

border-radius:取值。

在该例中设置如下：

border-radius:10px；

3.3.5 导航栏目的排列

导航的制作

在网页中，多个导航栏目可以根据需要进行任意的排列。

【例 3-3】 制作网站的导航栏目的排列效果，在浏览器中显示如图 3-14 所示。

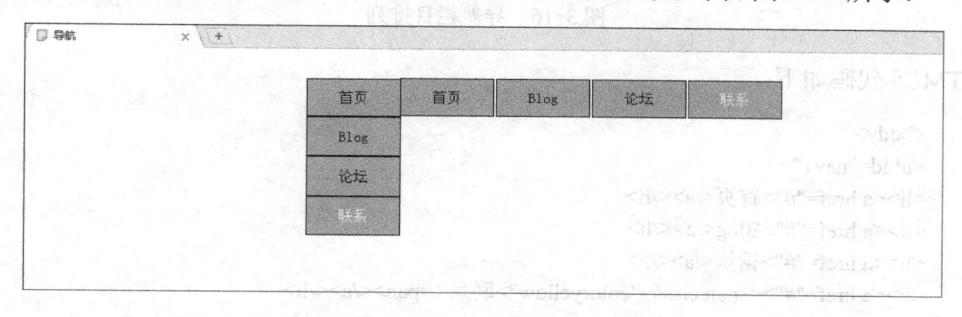

图 3-14　网页中的多个导航效果

该例排列了一个横向导航栏目和一个纵向导航栏目，横向导航栏目命名为“nav”，纵向导航栏目命名为“nav1”，并通过设置样式表中的定位来实现不同的排列效果。该例制作过程如下：

1）在网页中放置一个如图 3-15 所示的横向导航栏目。

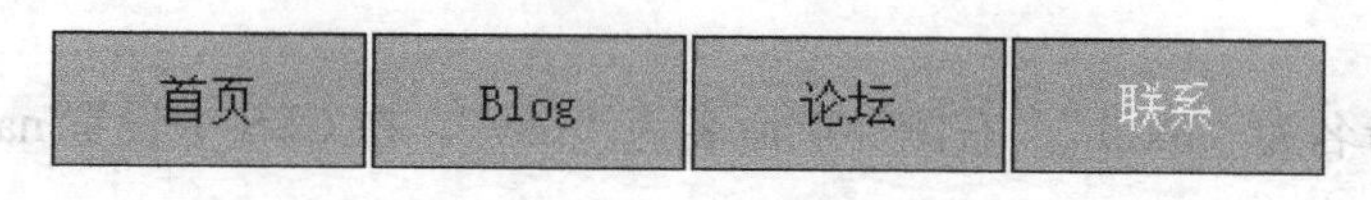

图 3-15　导航栏目

HTML5 代码如下：

```
<body>
<ul id="nav">
<li><a href="#">首页</a></li>
<li><a href="#">Blog</a></li>
<li><a href="#">论坛</a></li>
<li><a href="#"><span class="coloryellow">联系</span></a></li>
```

```
</ul>
</body>
```

在 CSS 中设置 nav 如下：

```
#nav li{
 float:left;
}
```

此段代码通过浮动效果将导航栏水平排列。

2）在此基础上再加上一个导航栏目，放在左侧并垂直摆放，如图 3-16 所示。

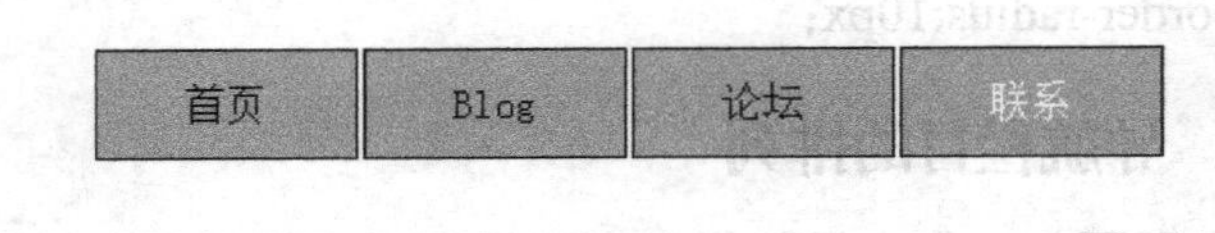

图 3-16　导航栏目排列

HTML5 代码如下：

```
<body>
<ul id="nav1">
<li><a href="#">首页</a></li>
<li><a href="#">Blog</a></li>
<li><a href="#">论坛</a></li>
<li><a href="#"><span class="coloryellow">联系</span></a></li>
</ul>
<ul id="nav">
<li><a href="#">首页</a></li>
<li><a href="#">Blog</a></li>
<li><a href="#">论坛</a></li>
<li><a href="#"><span class="coloryellow">联系</span></a></li>
</ul>
</body>
```

将左侧导航命名为“nav1”，右侧导航命名为“nav”。在 CSS 中设置 nav1 如下：

```
#nav1{
    margin-left:299px;
    margin-top:1px;
}
```

此段代码设置 nav1 导航栏的左边距离和上边距离。由于没有设置 CSS 中的元素定位效果，因此两个导航栏目排列不整齐。

3）制作定位效果，摆放两个导航栏目。

① 设定 nav1 的定位，修改为绝对定位，并设置其在屏幕中的位置，代码如下：

```
#nav1{
    margin-left:299px;       /*左侧外边距*/
    margin-top:1px;          /*上外边距*/
    position:absolute;      /*绝对定位*/
}
```

② 设置 nav 的位置，靠近两个导航。

```
#nav{
    margin-left:400px;
    margin-top:30px;
}
```

具体 CSS 代码如下：

```
#nav1{
    margin-left:299px;
    margin-top:1px;
    position:absolute;
}
#nav1 li a{
    color:#000000;
    text-decoration:none;
    padding-top:12px;
    display:block;
    width:100px;
    height:30px;
    text-align:center;
    background-color:green;
    margin-left:2px;
    border-top:1px solid black;
    border-bottom:1px solid black;
    border-left:1px solid black;
    border-right:1px solid black;
}
ul {
    list-style: none
}
#nav1 li a:hover{
    background-color:#bbbbbb;
    color:#ffffff;
}
.coloryellow{
    color:white;
}
#nav{
    margin-left:400px;
    margin-top:30px;
}
#nav li{
```

```
        float:left;
    }
    #nav li a{
        color:#000000;
        text-decoration:none;
        padding-top:12px;
        display:block;
        width:100px;
        height:30px;
        text-align:center;
        background-color:green;
        margin-left:2px;
        border-top:1px solid black;
        border-bottom:1px solid black;
        border-left:1px solid black;
        border-right:1px solid black;
    }
    ul {
        list-style: none;
    }
    #nav li a:hover{
        background-color:#bbbbbb;
        color:#ffffff;
    }
    .coloryellow{
        color:white;
    }
```

在该例中，使用 position:absolute 可以将任何元素渲染为绝对框。使用 width 和 height，可以定义它的尺寸大小。使用 z-index，可以控制元素的堆叠顺序。具有较大 z-index 值的元素位于上方。

使用 position:absolute 可以精确地控制绝对定位元素与祖先元素的位置，设置为绝对定位的元素从文档流中删除，不再占用原有的空间。绝对定位“相对于”该元素最近的已经定位的祖先元素，如果不存在祖先元素，则将<body>作为最近定位的祖先元素。

此外，使用 position:relative 可以将元素设置为相对定位，从而控制元素在常规流中的堆叠顺序。设置为相对定位的元素将会偏离某个距离，元素会保持其未定位前的形状，它原来占据的空间会保留。

值得注意是：语句 display:block;表示将该标记变成一个区块标记。一般的标记分为区块元素和内联块元素两种，区块元素可以设置该区域内的宽、高等操作，而内联块元素则不能执行上述操作。

在 CSS 中常见的区块元素有<div>、<p>、<h>、<ul>、<form>等。

在 CSS 中常见的内联块元素有<a>、<b>、<lmg>、<ul>、<em>等。

练一练

制作如图 3-17 所示的导航页面，该页面第一行的文字靠右显示。

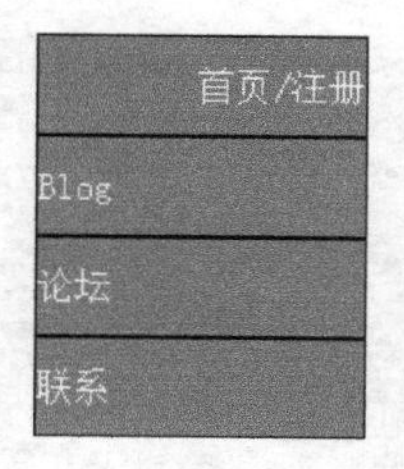

图 3-17　导航网页效果

提示：

书写 HTML5 代码如下：

```
<li><a href="#"><span class="f">首页/注册</span></a></li>
```

在 CSS 中设置该元素为居右排列：

```
.f{
    float:right;
}
```

练一练

制作如图 3-18 所示的导航区域。

首页　机票　酒店　旅游　门票　团购　国外团　联系

图 3-18　导航区域

提示：

在网页头部制作该区域，用<nav>定义导航标签，用<ul>及<li>定义其中的列表项目。代码如下：

```
<header id="dao-hang">
<div class="dao-hang2">
<nav>
<ul>
<li class="dao-hang1"><h3><a href="#">首页</a></h3></li>
<li class="dao-hang1"><h3><a href="#">机票</a></h3></li>
<li class="dao-hang1"><h3><a href="#">酒店</a></h3></li>
<li class="dao-hang1"><h3><a href="#">旅游</a></h3></li>
<li class="dao-hang1"><h3><a href="#">门票</a></h3></li>
<li class="dao-hang1"><h3><a href="#">团购</a></h3></li>
<li class="dao-hang1"><h3><a href="#">国外团</a></h3></li>
<li class="dao-hang1"><h3><a href="#">联系</a></h3></li>
</ul>
</nav>
</div>
</header>
```

在 CSS 中做如下定义:

1）定义导航区域大小及背景颜色。

```
#dao-hang .dao-hang2{
      width: 100%;
      height: 45px;
      background-color: #333333;
}
```

2）定义列表大小及颜色。

```
#dao-hang .dao-hang2 ul{
      width:600px;
      height:45px;
      margin: 0 auto;
      color: #FFFFFF;
}
```

3）定义每个列表项属性。

```
#dao-hang .dao-hang2 ul li{
      width: 12%;
      height: 45px;
      float: left;
      line-height: 45px;
      text-align: center;
      font-size: 15px;
}
```

3.4 网页页脚部分设计与制作

3.4.1 页脚设计思路

网站的页脚一般出现在网站的最下方，主要用于引导浏览者搜索相关的有用信息，如联系电话、公司地址、版权信息、友情链接、广告信息以及经营许可信息等。通过对页脚的访问，浏览者能扩展对该网站的外网链接，并对该网站的认识更深一步。

【例 3-4】 制作网站的页脚栏目，在浏览器中显示如图 3-19 所示。

关于我们　联系我们　联系客服　合作招商　营销中心　手机京东　友情链接　京东社区

图 3-19　网页页脚效果

3.4.2 页脚设计过程

1）书写网站页脚的 HTML5 代码，放在<footer>标记中。

```
<footer class="Foot">
<ul class="link">
```

```
<li><a href="#">关于我们</a></li>
<li><a href="#">联系我们</a></li>
<li><a href="#">联系客服</a></li>
<li><a href="#">合作招商</a></li>
<li><a href="#">营销中心</a></li>
<li><a href="#">手机京东</a></li>
<li><a href="#">友情链接</a></li>
<li><a href="#">京东社区</a></li>
</ul>
</footer>
```

首先将该标记命名为“Foot”，接着使用<ul>列表标记作为页脚的显示方式。用<li>表示每一项列表，每一个<li>显示一个文字区域，最后加入超链接<a>来实现链接功能。

```
<li><a href="#">关于我们</a></li>
```

2）设计该页脚区域的 CSS 样式表，并保存为“main.css”。

① 清除样式表中的列表项样式：

```
ul,ol,li {
list-style: none
}
```

该语句去掉列表项前面的圆点。

② 设置页脚区域位置、区域大小及文字颜色。

- 设置页脚区域左边距：margin-left:540px;
- 设置页脚区域内边距：padding: 8px;
- 设置页脚区域上边距：margin-top:800px;
- 设置页脚区域文字颜色：color: #666;
- 设置页脚区域最大宽度：max-width: 1000px;

对应的代码如下：

```
.Foot {
  margin-left:540px;
  padding: 8px;
  margin-top: 800px;
  color: #666;
  max-width: 1000px;
}
```

③ 设置页脚区域列表中的排列效果。

- 设置列表项宽度百分比：width: 8%;
- 设置水平的对齐：float: left;
- 设置文字大小：font-size: 15px;
- 设置内边距大小：padding: 10px 0;
- 设置浏览器中的边框效果：-webkit-box-sizing: border-box;
- 设置文本的居中方式：text-align: center;

对应的代码如下：

```
.Foot .link li {
    width: 8%;
    float: left;
    font-size: 15px;
    padding: 10px 0;
    -webkit-box-sizing: border-box;
    text-align: center;
}
```

语句 width: 8%;表示每一个<li>占该行宽度的 8%，一行最多可摆放 12 个<li>。

④ 设置页脚区域列表中的文字效果以区块显示。

```
display: block;
```

对应的代码如下：

```
.Foot .link li a {
    display: block;
}
```

⑤ 设置页脚区域文字的链接效果。

- 设置文字颜色：color:black;
- 清除链接的文本样式：text-decoration: none;

对应的代码如下：

```
.Foot a    {
    color:black;
    text-decoration: none;
}
```

⑥ 设置页脚区域文字当鼠标移动至上面的链接效果。

```
color:red;
```

对应的代码如下：

```
.Foot a:hover {
    color:red;
}
```

值得注意的是：

- max-width: 1000px;表示规定了元素的最大宽度为 1000px。
- text-align:用来设置元素内容的对齐方式。常见语法如下：

text-align: center;居中对齐。

text-align:leftr;左对齐。

text-align: right;右对齐。

text-align: justify;两端对齐。

● text-decoration:用来描述加载某元素上的文本修饰。常见语法如下：

text-decoration:none;关闭该元素上的所有修饰效果。

text-decoration:underline;对元素加下画线。

text-decoration;overline;在文本顶端加上画线。

text-decoration;blink;文本闪烁。

练一练

制作如图 3-20 所示的页脚页面，该页面文字分为上下两行显示，每行的文字又分为 4 个独立区域。

关于我们	联系我们	联系客服	合作招商
营销中心	手机京东	友情链接	京东社区

图 3-20　页脚网页效果 1

提示：在 CSS 中设置.Foot .link li:　width: 25%。width: 25%表示每个字体区域占 25%，即将一行分成了 4 块。

练一练

制作如图 3-21 所示的页脚页面，该页面文字分为上下两行，并且每一行的文字排列不同。

关于我们　联系我们　联系客服　合作招商　营销中心　手机京东　友情链接　京东社区　京东社区　京东社区　京东社区　京东社区　京东社区　京东社区

京公网安备 11000002000088号　京ICP证070359号　互联网药品信息服务资格证编号(京)-经营性-2014-0008　新出发京零 字第大120007号

图 3-21　页脚网页效果 2

提示：此页脚部分分为两行，因此需要对每一行作相应的样式设计。将该区域命名为“link1”通过<ul>标记，对其中每个<li>列表项设置属性以实现功能。代码如下：

```
<ul class="link1">
<li><a href="#" class="q">京公网安备 11000002000088 号</a></li>
<li><a href="#" class="w">京 ICP 证 070359 号</a></li>
<li><a href="#" class="e">互联网药品信息服务资格证编号(京)-经营性-2014-0008</a></li>
<li><a href="#">新出发京零 字第大 120007 号</a></li>
</ul>
```

在 CSS 中设置 li 列表的宽度如下：

```
.Foot .link li {
    width:7%;
}
```

设置第二行每个元素的左边距如下：

```
.Foot .link1 li .q{
    padding-right:8px;
}
```

```
.Foot .link1 li .w{
    padding-right:5px;
}
.Foot .link1 li .e{
    padding-right:10px;
}
```

练一练

制作如图 3-22 所示的页脚页面，该页面文字分为上下两行，并且设置了背景部分。

设置首页　广告服务　客服中心　公司简介

联系我们

图 3-22　页脚网页其他效果

提示：

1）书写 HTML5 代码，用<footer>表示页脚部分：

```
< footer>
<div class="link">
<a class="link_1" href="#">设置首页</a>
<a class="link_1" href="#">广告服务</a>
<a class="link_1" href="#">客服中心</a>
<a class="link_1" href="#">公司简介</a>
</div>
<div class="c"><a href="#" class="c">联系我们</a></div>
</footer>
```

该区域有两行文字，分别使用两个不同的<div>标记书写不同的内容。

2）设计样式表，并保存为“main.css”。

① 设置该页脚区域的大小及对齐方式。

- 设置屏幕大小：width:40%;
- 设置左右居中：margin:0 auto;
- 设置上边距离：margin-top:700px;
- 设置行高：line-height:80px;

对应的代码如下：

```
footer{
    background-color:#3cafdc; padding:7px 0px; height:80px;
    line-height:80px;
    font-family:"MS Serif", "New York", serif;
    width:40%;
```

```
        margin:0 auto;
        margin-top:700px;
    }
```

② 设置文字大小及居中方式。

- 设置文字大小：font-size:12px;
- 设置内边距：padding-top:1px;
- 设置文字居中：text-align:center;

对应的代码如下：

```
footer .link{
    font-size:12px;
    line-height:4em;
    padding-top:1px;
    text-align:center;
}
```

③ 设置超链接中的显示效果。

设置文字颜色：color:#fff;

对应的代码如下：

```
footer .link a{
    font-size:12px;
    color:#fff;}
```

④ 设置第一行文字显示效果。

- 设置文字大小：font-size:12px;
- 设置文字颜色：color:white;
- 设置文字行高：line-height:14px;
- 设置文字外边距：margin:0 8px;

对应的代码如下：

```
footer .link .link_1{
    font-size:12px;
    color:white;
    line-height:14px;
    margin:0 8px;}
```

⑤ 设置第二行文字效果。

- 设置文字颜色：color:white;
- 设置文字大小：font-size:11px;
- 设置文字行高：line-height:11px;
- 设置文字居中：text-align:center;

值得注意的是：line-height:表示设置元素的行高。该样式用于对网页中文本的版式作精确的控制。

3.5　网页正文的文本部分设计与制作

3.5.1　文本内容设计思路

在制作网页的标题与导航后，最重要的部分便是文本区域的制作。在网页中文字是传递信息的主要手段，通过添加文本内容，设计文本版式可以让浏览者对该网页的阅读更加容易。

【例 3-5】 制作网站的文本区域部分，在浏览器中显示如图 3-23 所示。

名站导航

搜狐	腾讯	新浪	网易	百度	凤凰	安居
搜狗	天猫	淘宝	苏宁	中华	同城	京东
亚马逊	聚美优品	国美	蘑菇街	斗鱼	去哪里	赶集

图 3-23　网页的文本界面

3.5.2　文本内容制作过程

1）书写网站文本部分的 HTML5 代码。用<section>标记作为文本内容区域。用<div class="hs">语句书写每一行的文本内容，在该文本内容中一共出现了 3 个相同的“div”区域。对应的 HTML 代码如下：

```
<section class="cnl">
<div class="hs">
<a href="#" class="hq">搜狐</a>
<a href="#" class="hq">腾讯</a>
<a href="#" class="hq">新浪</a>
<a href="#" class="hq">网易</a>
<a href="#" class="hq">百度</a>
<a href="#/" class="hq">凤凰</a>
<a href="#" class="hq">安居</a>
</div>
<div class="hs">
<a href="#" class="hq">搜狗</a>
<a href="#" class="hq">天猫</a>
<a href="#" class="hq">淘宝</a>
<a href="#" class="hq">苏宁</a>
<a href="#" class="hq">中华</a>
<a href="#" class="hq">同城</a>
<a href="#" class="hq">京东</a>
</div>
<div class="hs">
<a href="#" class="hq">亚马逊</a>
<a href="#" class="hq">聚美优品</a>
<a href="#" class="hq">国美</a>
```

```
<a href="#" class="hq">蘑菇街</a>
<a href="#" class="hq">斗鱼</a>
<a href="#" class="hq">去哪里</a>
<a href="#" class="hq">赶集</a>
</div>
</section>
```

2）书写对应样式表，保存为“main.css”。

① 设置页面大小：width:60%;

对应的代码如下：

```
body{
    width:60%;
}
```

② 设置底部的边框为虚线：border-bottom: 1px dashed #d6d6d6;

对应的代码如下：

```
.cnl {
    border-bottom: 1px dashed #d6d6d6;
}
```

该语句在最后一段文字底部设置了一行虚线。如要在每一行文字底部都设置虚线，可在.hs 中设置样式。

③ 设置文本区域大小及文字大小。

- 设置左内边距：padding-left:20px;
- 设置上内边距：padding-top:30px;
- 设置显示效果：display: -webkit-box;
- 设置文字大小：font-size: 24px;

对应的代码如下：

```
.hs {
    padding-left:20px;
    padding-top:30px;
    display: -webkit-box;
    font-size: 24px;
}
```

④ 设置文字的超链接效果。

- 设置文字显示为区块：display: block;
- 设置文字宽度：width: 120px;
- 设置文字高度：height:20px;
- 设置文本居中：text-align: center;
- 设置文字相邻右边距离：padding-right:50px;
- 设置文字上下边距离：padding-bottom:9px;

对应的代码如下：

```
.hs a {
    display: block;
    width: 120px;
    height:20px;
    text-align: center;
    padding-right:50px;
    padding-bottom:9px;
}
```

在CSS样式表中常见的文本样式设置包括以下几种。

- 文本颜色：color。
- 文本字体大小：font-size。
- 文本字体样式：font-family。
- 文本字体风格：font-style。
- 文本行高：line-height。
- 文本缩进：text-indent。
- 文本单词间距：word-spacing。
- 文本字符间隔：letter-spacing。
- 文本阴影：text-shadow。

练一练

制作如图 3-24 所示的页面。在该页面中设置背景颜色为粉红，标题居中显示，正文是网页中的文本链接文本内容。

人民网					
新闻	人民	新华	央视	环球	体育
足球	网球	直播	篮球	游泳	+

图 3-24　网页的文本界面

提示：文本部分区域使用<div>标记书写。代码如下：

```
<div class="nav-urls">
<ul class="urls">
<li class="url"> <a href="#" class="btn"><b>新闻  </b></a> </li>
<li class="url"> <a href="#" class="btn"><b>人民</b></a> </li>
<li class="url"> <a href="#" class="btn"><b>新华</b></a> </li>
<li class="url"> <a href="#" class="btn"><b>央视</b></a> </li>
<li class="url"> <a href="#" class="btn"><b>环球</b></a> </li>
</ul>
<ul class="urls">
<li class="url"> <a href="#"class="btn"><b>体育  </b></a> </li>
<li class="url"> <a href="#" class="btn"><b>足球</b></a> </li>
<li class="url"> <a href="#" class="btn"><b>网球</b></a> </li>
<li class="url"> <a href="#" class="btn"><b>直播</b></a> </li>
```

```
<li class="url"> <a href="#" class="btn"><b>篮球</b></a> </li>
<li class="url"> <a href="#" class="btn"><b>游泳</b></a> </li>
<li class="url"> <a href="#"class="btn"><b>+</b></a> </li>
</ul>
</div>
```

在 CSS 中作如下设置:

```
.nav-urls {      /*设置区域宽度，高度，居中显示及背景颜色*/
    margin: 0 auto;
    padding-top:14px;
    background:pink;
    height:85px;
    width:40%
}
.nav-urls .url { /*设置每个文本宽度*/
    width: 16%
}
```

值得注意的是: width: 16%表示每一行可以放置 6 个该元素。

练一练

制作如图 3-25 所示的新闻页面。该页面背景颜色为粉红，每一行有左右两段文本内容。左侧文本内容区域用标记<span>表示，右侧文字用标记<span id="z">表示。

搜狐	习近平把脉北京城市建设 引领中国城市健康发展
新浪	不给面！特朗普拒赴白宫记者宴 引发激烈口水战
环球	学者称朝鲜无核已不可能 环球时报刊发商榷文章
凤凰	京津冀多地今将被雾霾笼罩 北京明天或达重污染
百度	意甲-悍将2世界波 二弟安慰球 国米主场1-3罗马

图 3-25　网页的文本界面

HTML 部分使用<li>作为列表行:

```
<body>
<div id="main">
<section class="ls">
<div class="list">
<ul>
<li><span><a href="#">搜狐 </a></span><span id="z"><a href="#">习近平把脉北京城市建设 引领中国城市快速发展</a></span></li>
<li><span><a href="#">新浪 </a></span><span id="z"><a href="#">不给面！特朗普拒赴白宫记者宴 爆发口水战激烈</a></span></li>
<li><span><a href="#">环球 </a></span><span id="z"><a href="#">学者称朝鲜无核已不可能 环球时报刊发商榷文章</a></span></li>
<li><span><a href="#">凤凰 </a></span><span id="z"><a href="#">京津冀多地今将被雾霾笼罩北京明天或达重污染</a></span></li>
<li><span><a href="#">百度 </a></span><span id="z"><a href="#">意甲-悍将 2 世界波 二弟安慰
```

```
球 国米主场 1-3 罗马</a></span></li>
    </ul>
    </div>
  </section>
  </div>
  </body>
```

部分 CSS 代码：

```
#main {   /*设置该页面区域宽度，背景颜色，上外边距，页面居中等*/
    overflow: hidden;
    margin: 0 auto;
    width: 70%;
    background-color:pink;
    margin-top:40px;
}
.list li span {     /*设置左侧文字浮动靠左，文字大小，文字宽度，文字行高，文字颜色，左侧文字与右侧文字距离等*/
    float:left;
    font-size:30px;
    width: 110px;
    line-height: 38px;
    color: black;
    padding-right:30px;
    padding-left:0px;
    margin-left:90px;
    margin-bottom:5px;
}
```

文字的行高

width: 110px;语句设置了左侧文字的宽度大小。

margin-left:90px;语句设置了左侧文字的左边距离。

```
.list li {    /*设置该页面列表项浮动，文字居左，每行顶部边框虚线，区块显示，左内边距，内上边距等*/
    float:right;
    text-align:left;
    border-bottom: 1px dashed #d6d6d6;
    display: block;
    padding-left: 10px;
    padding-top:17px;
    width: 100%
}
.list li #z {   /*设置该页面右侧文字的浮动，字体大小，宽度，行高，字体颜色，文本居中，左内边距，内上边距，左外边距等*/
    float:left;
    font-size:30px;
    width: 700px;
    line-height: 38px;
    color: black;
```

```
        text-align: center
        padding-right:30px;
        padding-left:0px;
        margin-left:100px;
    }
```

margin-left:100px;语句设置了右侧文字离左侧文字的距离。

padding-top:17px;语句设置了文字的上边距，把数值缩小可以减少行高。

```
.list li a {   /*设置该页面超链接效果，文字居中，左侧文字的左内边距，文字大小等*/
    text-align:center;
    padding-left:50px;
    line-height: 38px;
    font-size:30px;
}
```

值得注意的是：语句 overflow: hidden;表示隐藏溢出。其中 overflow 属性定义了元素中的内容超出了给定的宽度和高度属性，overflow 属性可以确定是否显示滚动条等行为。常见方式有以下 4 种。

- overflow: visible 表示元素内容不会被修剪，仍然会出现在元素框之外。
- overflow: hidden 表示元素内容超出了定义的宽度和高度值后会被隐藏。
- overflow: scroll 表示元素内容会被修剪，但是浏览器会提供滚动条以查看其余内容。
- overflow: auto 表示由浏览器决定如何显示。

例如：

```
div
{
    background-color:#00FFFF;
    width:200px;
    height:200px;
    overflow: scroll;
}
```

此语句表示如果 Div 中的内容超出了规定的宽度和高度值时（200×200 像素），浏览器会提供滚动条以显示其余的内容。

练一练

制作如图 3-26 所示的新闻页面。该页面背景颜色为粉红，每一行中有 3 段文本内容。左侧文本内容区域用标记<span>表示，右侧文本内容用<span id="c">表示。

搜狐	习近平把脉北京城市建设 引领中国城市健康发展	社会频道
新浪	不给面！特朗普拒赴白宫记者宴 引发激烈口水战	国际频道
环球	学者称朝鲜无核已不可能 环球时报刊发商榷文章	环球频道
凤凰	京津冀多地今将被雾霾笼罩 北京明天或达重污染	城市建设
百度	意甲-悍将2世界波 二弟安慰球 国米主场1-3罗马	体育频道

图 3-26　网页的文本排列界面

在上例基础上增加 HTML 语句如下：

```
<span  id="c"><a href="#">社会频道 </a></span>
<span  id="c"><a href="#">国际频道 </a></span>
<span  id="c"><a href="#">环球频道 </a></span>
<span  id="c"><a href="#">城市建设 </a></span>
<span  id="c"><a href="#">体育频道 </a></span>
```

在 CSS 中设置该语句的显示效果：

```
.list li #c {
    float:right;
    font-size:30px;
    width: 180px;
    line-height: 38px;
    color: black;
    width: 130px;
    margin-left:5px;
    margin-right:100px;
  }
```

将该语句设置为右浮动，字体宽度 130px，右外边距为 100px。

3.6 网页正文的图像与文本部分设计与制作

3.6.1 网页图像设计与制作

1．网页中一张图像的显示

在 HTML5 中插入图像可使用如下语句：<img src="images/1.jpg" />，其中 img 代表图像，src=代表了该图像的引用地址，jpg 表示该图像的文件格式。

【例 3-6】 制作网站中的图像网页，在浏览器中显示如图 3-27 所示。

图 3-27 网页的图像显示界面

HTML5 代码如下：

```
<body>
<section class="mdd_con1">
<a href="#"><img src="images/1.jpg"/></a>
</section>
</body>
```

该例在 body 中使用标记 section 定义整个区域，语句<img src="images/1.jpg"/>定义图像的名称及引用的地址，并为该图像区域加入超链接标记<a href="#">。该页面只有一幅图像，因此不需要书写 CSS 样式表。

2．网页中多张图像的显示

在网页制作中，一般需要多张图像显示，在实现时要根据需要书写对应的样式表。

【例 3-7】 制作网站中的多张图像网页，在浏览器中显示如图 3-28 所示。

图 3-28　网页的多张图像显示界面

该页面中出现了 5 张图像，在大图像中间又排列了多张小图像。

该页面的设计过程如下。

1）定义 section 区域。

```
<section class="mdd_con1">
```

2）定义大图像，用列表显示。

```
<div class="slider-wrapper1">
<ul class="mdd_silde1">
<li><a href="#"><img    src="images/1.jpg" /></a></li>
</ul>
</div>
```

3）定义小图像，用列表显示。

第一排的小图像：

```
<ul class="mdd_silde">
<li><a href="#"><img    src="images/1.jpg" /></a></li>
<li><a href="#"><img    src="images/1.jpg" /></a></li>
</ul>
```

第二排的小图像，方式是一样的：

```
<ul class="mdd_silde">
<li><a href="#"><img    src="images/1.jpg" /></a></li>
<li><a href="#"><img    src="images/1.jpg" /></a></li>
</ul>
```

4）对应的核心 CSS 如下。

设置大图像在网页中的位置，并将其设为绝对定位：

```
.slider-wrapper1 {
    padding-top:35px;
    padding-left:130px;
    position:absolute;
}
```

设置大图像的大小为 120%：

```
.mdd_silde1 img {
    width: 120%;
}
```

设置第一排的小图像的位置：

```
.slider-wrapper {
    padding-top:340px;
    padding-left:130px;
}
```

设置小图像的定位为左浮动，宽度百分比是 15%，以及相对定位效果。相对定位使得小图像可以在大图像中进行位置的浮动：

```
.mdd_silde li {
    float: left;
    width:15%;
    overflow: hidden;
    white-space: nowrap;
    position: relative;
}
```

设置小图像的显示方式和图像之间的距离：

```
.mdd_silde li a {
    display: block;
```

```
        padding-right: 10px;
    }
```

3.6.2 网页图像与文本设计与制作

网页中的图像制作可以单独显示，也可以和文本进行图文混排，从而增加网页的表现力和感染力，让网页内容更加丰富。

图像的 HTML5 代码一般以<img>标记表示，再用样式表进行布局设计。文字部分可以写在单独的区域中。

【例 3-8】 制作网页中的图文混排界面，在每一个图标下方都配有文字说明，在浏览器中显示如图 3-29 所示。

图 3-29 网页的图文排列界面

该例制作过程如下。

1）书写该页面的 HTML 代码，用<ul>列表显示图文排列。

```
<section class="w">
<ul class="easy">
<li class="f">
<a href="#"> <img src="images/1.png"  alt="" /><span>热点</span></a>
<a href="#"> <img src="images/2.png"  alt="" /><span>内涵</span></a>
<a href="#"> <img src="images/3.png"  alt="" /><span>动漫</span></a>
<a href="#"> <img src="images/4.png"  alt="" /><span>游戏</span></a>
<a href="#"> <img src="images/5.png"  alt="" /><span>直播</span></a>
<a href="#"> <img src="images/check-digest.png"  alt="" /><span>物流</span></a>
</li>
</ul>
</section>
```

该例中用<img src="images/1.png" alt="" />语句显示图像，用<span>热点</span>显示文字。

2）书写对应样式表，保存为“main.css”。

① 设置页面大小，居中显示及边框样式。

● 设置宽度：width: 480px;
● 设置高度：height:320px;
● 设置居中：margin: 0 auto;
● 设置边框：border:1px solid red;

对应的代码如下：

```
.w {
    width: 480px;
    margin: 0 auto;
    margin-top:100px;
    font-size: 24px;
    height:320px;
    border:1px solid red;
    background:pink;
}
```

② 设置内容区域大小及居中。

● 设置宽度：width:300px;
● 设置居中：margin: 0 auto;

对应的代码如下：

```
.easy {
    width:300px;
    margin: 0 auto;
}
```

③ 设置图像与文字的超链接效果。

● 设置区块显示：display: block;
● 设置水平排列：float: left;
● 设置宽度：width:90px;
● 设置离顶端距离：margin-bottom: 20px;
● 设置文本样式：text-align: center;
● 设置右边距离：padding-right:10px;

对应的代码如下：

```
.easy li a {
    display: block;
    float: left;
    width:90px;
    margin-bottom: 20px;
    text-align: center;
    padding-right:10px;
}
```

④ 设置文本的显示方式。

```
display: block;
```

对应的代码如下：

```
.easy li a span {
display: block;
}
```

⑤ 设置图像大小及显示。

```
.easy li a img {
    display: block;
    width: 80px;
    height:80px;
    margin: 0 auto;
    padding-top:18px;
}
```

该例中将文字显示在图像的下方。

 **练一练**

制作如图 3-30 所示图文排列网页。

图 3-30　网页的图文排列界面

提示：该例中文字显示在图像的右侧。

1）在 CSS 样式表中设置文字的定位效果为绝对定位，使用“absolute”。代码如下：

```
.easy li a span {
    position:absolute;
    margin-left:30px;
    margin-top:45px;
}
```

2）将图像中的“display: block;”语句删掉。

```
.easy li a img {
```

```
        width: 80px;
        height:80px;
        margin: 0 auto;
        padding-top:20px;
    }
```

3）设置图像与文字的超链接中属性：

```
    .easy li a {
        display: block;
        float: left;
        width:90px;
        margin-bottom: 20px;
        text-align: center;
        padding-right:70px;
    }
```

因为该例文字排列在图像的右侧，因此设置内边距 padding-right:70px;。

练一练

制作如图 3-31 所示图文排列网页。该页面将图像放置在左侧，右侧为文本说明。

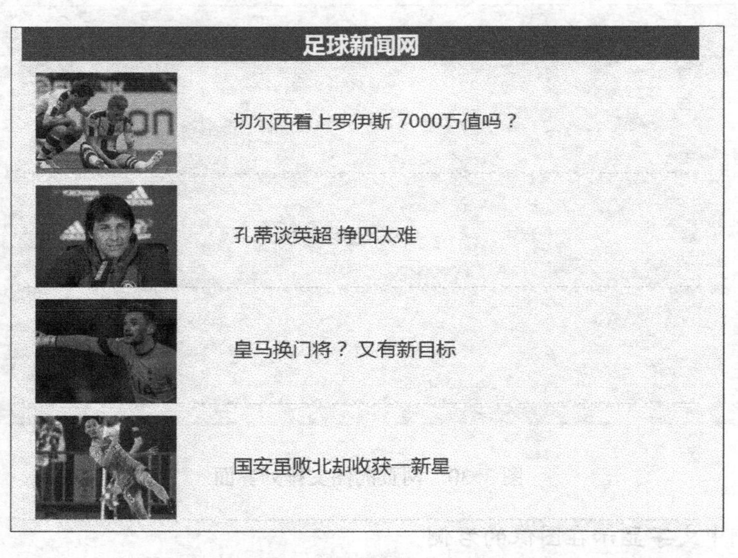

图 3-31　网页的图文排列界面

提示：在< section >标记中书写该段代码，用列表<ul>表示。

```
<header class="h1">
<a href="#"><h1>足球新闻网</h1> </a>
</header>
<section class="ls">
<div id="jj1">
<div class="list">
```

```
<ul>
<li><a href="#"><img src="images/1.jpg"/></a><a href="#">切尔西看上罗伊斯 7000 万值吗？
</a></li>
<li><a href="#"><img src="images/2.jpg"/></a><a href="#">孔蒂谈英超 挣四太难</a></li>
<li><a href="#"><img src="images/3.jpg"/></a><a href="#">皇马换门将？ 又有新目标</a></li>
<li><a href="#"><img src="images/4.jpg"/></a><a href="#">国安虽败北却收获一新星</a></li>
</ul>
</div>
</div>
</section>
```

在样式表中分别设置<h1>、<ul>、<li>及 a 代码如下：

```
header h1 {
    line-height: 49px;
    font-size:33px;
    color: white;
    text-align: center;
    text-shadow: 3px 3px 13px red
}
```

语句 text-shadow: 3px 3px 13px red 使用了 CSS 中的文字阴影设置。该样式的书写格式：text-shadow:apx bpx cpx #color，其含义顺序：X 轴上的位移、Y 轴上的位移、阴影的宽度、阴影的颜色值。需要指出的 a、b 取值可为负，c 取值不能为负，如 text-shadow: -3px -3px 13px red。

```
.list ul {
    width: 100%;
    margin: 0 auto;
    text-align: center
}
.list li {
    float: right;
    -webkit-box-flex: 1;
    text-align: left;
    border-bottom: 1px dashed #d6d6d6;
    display: block;
    padding-left: 40px;
    padding-top:17px;
    width: 100%
}
.list li a {
    text-align: center;
    padding-left:20px;
    padding-right:60px;
    line-height: 38px;
    font-size:28px;
}
```

在该例中，.list li{}用来显示每一行的图像与文字的排列效果，.list li a{}用来显示图像右侧的文字效果。

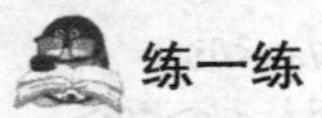

练一练

制作如图 3-32 所示的图文排列网页。文字在左侧，图像在右侧，并且一行放置两张。

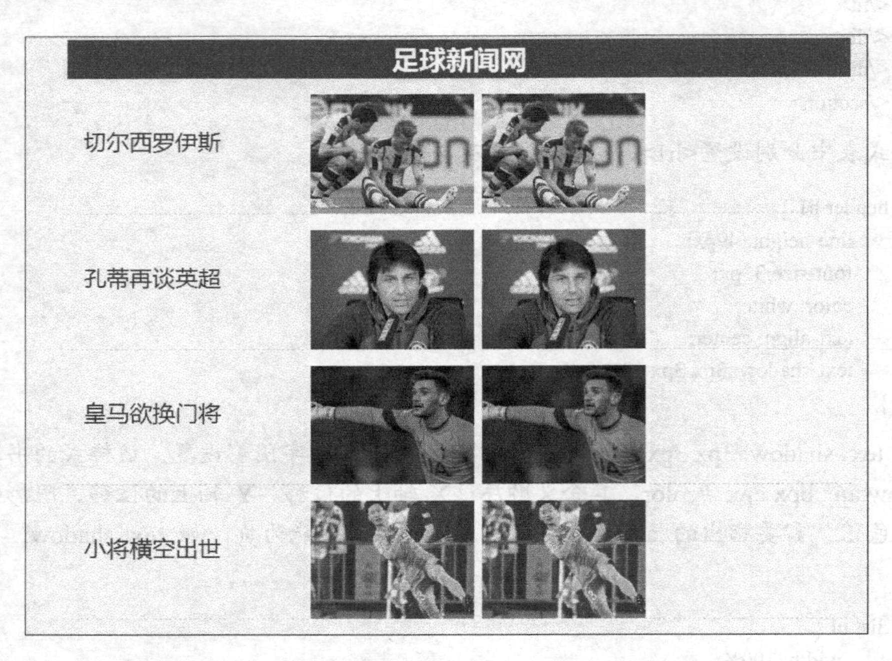

图 3-32　网页的图文定位

对上例作如下修改即可实现：

1）在 HTML 的<li>中在增加一个图像标记，<li><img src="images/1.jpg" /><img src="images/1.jpg"/><a href="#">切尔西罗伊斯</a></li>。

2）设置文字在网页左侧：float:left;。

3）增加文字与图像的间距：padding-right:100px;。

4）重新设置每张图像之间的间距：padding-left:10px;。

具体 CSS 如下：

```
img{
    padding-left:10px;
}
.list li a {
    float:left;
    text-align: center;
    padding-top:40px;
    padding-left:20px;
    padding-right:100px;
    line-height: 38px;
```

```
        font-size:28px;
    }
```

 练一练

制作如图 3-33 所示图文排列网页。该页面在图片上显示文字，文字相对于图片进行定位。

图 3-33　网页的图文定位

该例在文档中放入了两幅图片和一行文字，HTML 代码如下：

```
<body>
<h1>图片的使用</h1>
<div class="f">
<h2 class="c">美丽的风景</h2>
<p id="cr"><img src="images/4.jpg" alt=""/>
</p>
<img class="d" width="520" height="400" src="images/2.jpg" alt=""/>
<div>
</body>
```

在 CSS 中作如下设置：

```
.f{
    float:left;
    position:relative;
    color:white;
    background-color:black;
}
.f .c{
    position:absolute;
    margin:55px;
    left:120px;
```

```
top:0;
font-size:20px;
}
.d{
display:block;
border-left:1px solid gray;
border-right:1px solid gray;
border-top:1px solid gray;
border-bottom:1px solid gray;
}
#cr{
position:absolute;
left:0;
bottom:10px;
width:520px;
text-align:center;
color:white;
}
```

在该例设置文字排列时，使用了绝对定位文字元素“美丽的风景”，position:absolute.这样就可以将文字元素显示在图片中的任意位置。

在 CSS 中，用户可以为图片加入任意数量的子元素，如文字、为每一个元素设置唯一的 ID，这样就可以设置它相对于图片的位置。

练一练

制作如图 3-34 所示图文排列网页。该页面由图文混排，在文本中显示图像，并对该段文字的首字母设置了下沉的显示方式。

图 3-34　网页的图文排版

该例在排版中使用了图文混排，将图片插在文字的行间中，并居左显示；设置页面背景颜色为粉红；正文的首字母下沉，其他文字采用同样的颜色和缩进。

书写的 HTML 代码：

```
<body>
<h1>最初的美</h1>
<h3>作者:冰岩</h3>
<p class="c">问世间，何为美？不是而今，亦非明日，或许是昨天。问世间，何为美？不是白昼，亦非黑夜，或许在梦中。然而，世间的美却源自最初。
……
最初的原始，最初的真实，才是最美的现在，而不是古老的过去，虚幻的未来；最初的原始，最初的真实，才在最美的白天，而不在古老的梦中，虚幻的黑夜。</p>
<img src="images/4.jpg" class="im" alt=""/>
<p>最初的美，在于现在的白天；最初的美，它不在过去的梦中，也不在未来的黑夜。
最初的美，或许就是一瞬间的回眸与微笑，那是过去；最初的美，或许又是久时的回忆与憧憬，却是现在；最初的美，或许是不时的思念与欢言，概是未来。
……
</p>
</body>
```

在CSS设置中书写如下代码。

设置元素body宽度60%，居中，字体18px，文本缩进两个字符，文字颜色黑色，背景颜色粉红色；

```
body{
    width:60%;
    margin:0 auto;
    font-size:18px;
    text-indent:2em;
    color:black;
    background:pink;
}
```

设置标题<h1>字体大小18px，文本居中对齐，字符间距4px:

```
h1{
    font-size:20px;
    text-align:center;
    letter-spacing:4px;
}
```

设置标题<h3>字体大小16px，文本居右，字体粗细500px:

```
h3{
    font-size:16px;
    text-align:right;
    font-weight:400px;
}
```

设置图像浮动在左侧:

```
.im{
    float:left;
}
```

设置文本段落缩进为 0，实现首字符下沉：

```
.c{
    text-indent:0px;
}
```

设置段落首字符下沉，大小为 50px，加粗，浮动在左侧：

```
.c::first-letter{
    float:left;
    font-weight:bolder;
    font-size:50px;
}
```

值得注意的是：.c::first-letter 语句设置了该段落中的首字符效果。first-letter 是 CSS 中的内置设计模式，是一个伪元素选择器，它选择了该元素的一部分内容。该选择器适合于对文字属性的设置。但是:first-letter 语句仅作用于块元素，内联元素要使用该伪对象，必须先设定元素的 height 或 width 属性，或者设定 position 属性为 absolute，或者设定 display 属性为 block。

另外，在该例中语句 text-indent:2em 的作用是设置段落的缩进，不可以写成：text-indent:2px。

想一想：要将该例中的图像摆放在文字的右侧，该如何实现？

想一想：要将该例中每段文字的首字母设置为下沉样式，该如何实现？

3.7 网页搜索区域的设计与制作

3.7.1 网页搜索区域设计

在大多数的网页中都有一个搜索区域，它主要用来提供浏览者对该网站页面的站内搜索。图 3-35 所示为百度搜索区域。

图 3-35 搜索区域的界面

从图 3-35 可以看出，搜索区域一般由 3 部分组成：

1）搜索组成部分，包含文字及图片。
2）搜索输入框，即浏览者的输入区域。
3）搜索按钮，可实现交互的按钮区域。

在网站中设计以上 3 个部分即可实现搜索区域的制作。

3.7.2 网页搜索区域制作

【例 3-9】 制作了网页中的搜索区域，如图 3-36 所示。

图 3-36 搜索区域的显示

该页面制作步骤如下。

1）定义整个区域

```
<div class="sou">
```

2）定义搜索区域中的搜索部分，由输入区域和按钮组成。代码如下：

```
<div class="sou3">
<input type="text" placeholder="请输入搜索内容">
<button>搜索</button>
</div>
```

3）完成 CSS 样式表的设计，修饰页面效果，代码如下。

① 定义该区域大小及背景图片：

```
.sou{
    width: 100%;
    margin:0 auto;
    height: 600px;
    background: url("1.jpg") no-repeat center;
    position: relative;
}
```

语句 background: url("1.jpg") no-repeat center;定义了该页面的背景图片，居中并禁止重复。

② 定义输入区域与按钮区域大小及相互位置：

```
.sou .sou3{
    width: 600px;
    height: 60px;
```

```
    position: absolute;
    top: 30%;
    left: 50%;
    margin-left:-260px;
    margin-top:5px;
    border-radius: 8px;
}
```

语句 top: 30%;表示搜索区域的高度在页面的 30%处。

③ 分别定义中间的输入域和右侧的按钮域，即可实现该页面的修饰：

```
.sou .sou3 input{}
.sou .sou3 button{}
```

3.8 综合练习

本节介绍应用 HTML5 和 CSS3 技术制作综合网页。以使用 HTML5 制作微信的界面为例，制作效果如图 3-37 所示。

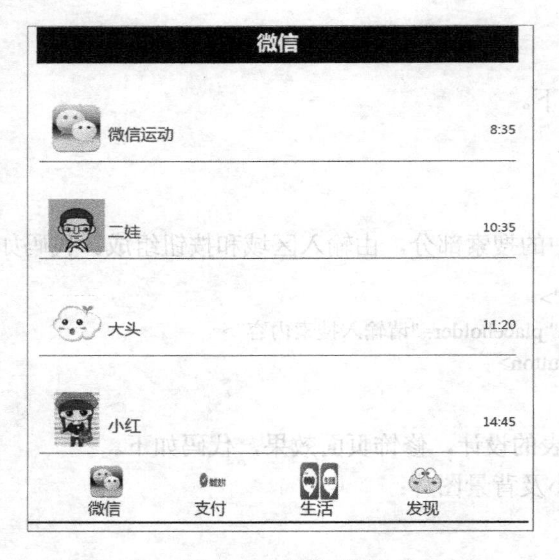

图 3-37 微信界面

该例使用 HTML5 和 CSS3 制作一个微信的界面，主要区域分为 3 个部分：头部为微信的标题部分，中间为微信的主体内容以及尾部为微信的菜单部分。

HTML5 head 代码部分如下：

```
<!DOCTYPE html>
<html lang="zh-cn">
 <head>
  <meta http-equiv="Content-Type"  content="text/html; charset=UTF-8" />
  <meta charset="utf-8" />
  <meta name="apple-touch-fullscreen"  content="YES" />
  <meta  name="viewport"  content="width=device-width,  initial-scale=1.0,  minimum-scale=1.0,
```

```
maximum-scale=1.0, user-scalable=no" />
        <meta name="format-detection" content="telephone=no" />
        <title>微信网页</title>
        <link href="css/common.css" rel="stylesheet" />
        <link href="css/main.css" rel="stylesheet" />
    </head>
```

其中“<meta name="viewport" content="width=device-width, initial-scale=1.0, minimum-scale=1.0, maximum-scale=1.0, user-scalable=no" />”语句使用了媒体查询，设置了设备的大小及有关信息。

“<link href="css/common.css" rel="stylesheet" />”和“<link href="css/main.css" rel="stylesheet" />”语句链接了两个外部CSS样式表，分别为“common.css”和“main.css”。

网页主体内容如下：

```
<body>
<header class="h1">           /*页面的标题部分设定*/
<h1>微信</h1>
</header>
<section id="content">
<ul>                /*用列表显示微信主要内容*/
<li >
<div class="pic">       /*显示第一个图标及文字说明*/
<img src="images/6.jpg"   width="90" height="90" alt="微信运动" />
</div>
<div class="text">微信运动</div>
<div class="time">8:35</div>     /*显示右侧时间栏*/
</li>
</ul>
</section>
<section id="content">
<ul>
<li >
<div class="pic">          /*显示第二个图标及文字说明*/
<img src="images/1.jpg"   width="90" height="90" alt="二娃" />
</div>
<div class="text">二娃</div>
<div class="time">10:35</div>          /*显示右侧时间栏*/
</li>
</ul>
</section>
<section id="content">
<ul>
<li >
<div class="pic"> /*显示第三个图标及文字说明*/
<img src="images/2.jpg"   width="90" height="90" alt="大头" />
</div>
<div class="text">大头</div>
<div class="time">11:20</div>     /*显示右侧时间栏*/
```

```
</li>
</ul>
</section>
<section id="content">
<ul>
<li >
<div class="pic">      /*显示第四个图标及文字说明*/
<img src="images/3.jpg"    width="90" height="90" alt="小红" />
</div>
<div class="text">小红</div>
<div class="time">14:45</div>    /*显示右侧时间栏*/
</li>
</ul>
</section>
```

网页尾部代码如下：

```
<section id="content1">
<ul>
<li >
<div class="pic1">    /*显示底部第一个图标及文字说明*/
<img src="images/4.jpg"    width="60"    height="60"    alt="微信" />
</div>
<div class="text1">微信</div>
<div class="pic1">        /*显示底部第二个图标及文字说明*/
<img src="images/12.jpg"    width="60"    height="60"    alt="支付" />
</div>
<div class="text1">支付</div>
<div class="pic1">    /*显示底部第三个图标及文字说明*/
<img src="images/14.jpg"    width="60"    height="60"    alt="生活" />
</div>
<div class="text1">生活</div>
<div class="pic1">        /*显示底部第四个图标及文字说明*/
<img src="images/13.jpg"    width="60"    height="60"    alt="发现" />
</div>
<div class="text1">发现</div>
</li>
</ul>
</section>
</body>
```

CSS3 代码如下：

```
common 部分：/*显示网页基本设置，背景颜色，字体和文字颜色*/
body {
font: 14px/1.5 \u9ED1\u4F53, Microsoft YaHei,\5b8b\4f53, Arial, Verdana;
color: #737173;
background: #fff;
}
ul {        /*去掉列表前面的原点*/
```

```
list-style: none
}
```

main 部分如下。

网页头部内容：

```
header {
    background-color:black;     /*背景颜色*/
    margin:0 auto;              /*自动设置左右，即居中排列*/
    width:40%;             /*宽度百分比设置*/
    height:60px;
}
header h1 {          /*设置文字效果*/
    line-height: 49px;    /*行高*/
    font-size:33px;       /*字体大小*/
    color: white;      /*字体颜色*/
    text-align: center;       /*居中显示文字*/
    text-shadow: 1px 1px 1px #064981       /*文本阴影效果*/
}
```

网页主体部分 CSS3：

```
#content {   /*设置外边距*/
    margin-left:580px;
    margin-right:580px;
    margin-top:40px;
}
#content li {     /*设置列表内边距，行高，底部边线*/
    padding: 0 0 0 10px;
    font-size: 26px;
    height: 120px;
    overflow: hidden;
    border-bottom: 1px solid black   /*设置底部边框*/
}
#content .pic,#content .text,#content .more{   /*设置浮动效果*/
    float: left;
}
#content .pic{  /*设置图像效果，外边距大小以及宽度*/
    margin-top:20px;
    margin-left:5px;
    width:90px;
}
#content .text{     /*设置文本效果，外边距大小*/
    margin-left:5px;
    margin-top:55px;
}
#content .time{   /*设置右侧时间的显示*/
    margin-top:55px;
    font-size: 20px;
    float:right;
}
```

底部内容部分：

```
#content1 {   /*设置左右边距大小*/
  margin-left:555px;
  margin-right:560px;
}
#content1 li {   /*设置列表属性*/
  padding: 0 0 0 0;
  font-size: 26px;
  height: 110px;
  overflow: hidden;
  border-bottom: 3px solid black
}
#content1 .pic1,#content1 .text1,#content1 .more{   /*设置浮动*/
  float: left;
}
#content1 .pic1{     /*设置图像*/
  margin-top:15px;
  margin-left:23px;
  padding-left:80px;
  width:0px;
}
#content1 .text1{     /*设置文本*/
  margin-top:68px;
  padding-right:14px;
}
```

3.9 小结

HTML5+CSS 制作响应式网站是本章介绍的重点。对于响应式网站，网站的浏览和运行可以根据浏览者的设备大小自动调整，适合于移动端的使用。<meta name="viewport" content="width=device-width, initial-scale=1.0">语句加在网页头部可以描述设备相关信息，用于媒体查询。

在 HTML5+CSS 网页制作中，HTML 语句主要用于实现网页的元素与内容设计，而 CSS 则用于设计网页的显示效果。通过语句<link rel="stylesheet" href="css/main.css" />将 CSS 文档应用在 HTML 网页元素中。

本章主要介绍了网页标题栏目、网页导航栏目、网页页脚栏目及网页中的图文排列的制作。在开发中应根据不同的网页类型选择不同的样式设计方法、配色方式及实现不同的布局效果。

HTML5 网页布局元素包含：<header>区域、<nav>区域、<section>区域、<aside>区域与<footer>区域，使用新的标签创建了新的布局模式。在 HTML5 中元素可以复用，在一个页面中可以出现多个<header>、<section>、<nav>元素，需要为每一个元素都编写特定的样式。

在 CSS 设计中，应根据页面效果灵活使用。常见的样式设置方式包含有页面大小设置、元素位置设置、元素大小设置、元素边框设置、元素颜色设置、字体设置、元素定位设置、超链接样式设置及元素内外边距设置等。

3.10 实训

1. 实训目的

通过本章实训了解 HTML5 及 CSS3 制作网页技巧，掌握 HTML5 和 CSS3 制作网页的方式。

2. 实训内容

1）使用 HTML 制作新闻网站的界面，如图 3-38 所示。

图 3-38　新闻网站的设计

HTML5 代码：

```
<body>
 <header class="h1">
    <a href="#"><h1>足球</h1> </a>
  </header>
 <section class="mdd_con">
 <section class="ls">
    <div class="list">
     <ul>
      <li><a href="#">联赛杯-伊布 2 球+87 分钟绝杀</a></li>
      <li><a href="#">瓜帅又要买买买</a></li>
      <li><a href="#">皇马有他是白天  没他则黑夜</a></li>
     </ul>
    </div>
  </section>
   <div class="slider-wrapper">
    <ul class="mdd_silde">
     <li><a  href="#"><img  src="images/1.png"    width="120"  height="140"/><span>伊布</span>
</a></li>
    <li><a  href="#"><img  src="images/2.jpg"    width="120"  height="140"/><span>姆巴佩</span>
</a></li>
      <li><a   href="#"><img   src="images/3.jpg"      width="120"   height="140"/><span> 莫 拉 塔
</span> </a></li>
```

```
        </ul>
      </div>
    </section>
  <section class="mdd_con">
  <section class="ls">
        <div class="list">
          <ul>
            <li><a href="#">亚冠前瞻:再来一轮全胜?</a></li>
            <li><a href="#">权健青少年足球发展基金揭牌</a></li>
            <li><a href="#">卓尔官方宣布张耀坤加盟</a></li>
          </ul>
      </div>
    </section>
      <div class="slider-wrapper">
        <ul class="mdd_silde">
          <li><a href="#"><img src="images/4.jpg"   width="120" height="140" /><span>亚冠</span>
</a></li>
        <li><a  href="#"><img  src="images/5.jpg"   width="120"  height="140"/><span>权健</span>
</a></li>
          <li><a  href="#"><img  src="images/6.jpg"   width="120"  height="140"/><span>张耀坤</span>
</a></li>
        </ul>
      </div>
    </section>
  </body>
```

核心 CSS 代码：

```
.h1{
    width: 60%;
    margin: 0 auto;
}
header {
    background-color:red;
}

header h1 {
    line-height: 49px;
    font-size:33px;
    color: white;
    text-align: center;
    text-shadow: 1px 1px 1px #064981
}
.mdd_con {
    width: 80%;
    overflow: hidden
}
.ls{
    margin-top:40px;
    margin-left:160px;
```

```
}

.list {
    font-size: 18px;
    display: -webkit-box;
    float: left;
    width: 40%
}

.list a:hover {
    color: red
}

.list ul {
    width: 60%;
    margin: 0 auto;
    text-align: center
}

.list li {
    float: left;
    -webkit-box-flex: 1;
    text-align: left;
    border-bottom: 1px dashed #d6d6d6;
    display: block;
    padding-top: 20px;
    padding-left: 10px;
    padding-bottom: 8px;
    width: 100%;
    margin-left:140px;
}

.slider-wrapper {
    margin-top:30px;
    padding-top:3px
    margin-left:620px;
}

.mdd_silde {
    overflow: hidden;
}

.mdd_silde li {
    float: right;
    width:30%;
    overflow: hidden;
    white-space: nowrap;
    position: relative;
        margin-top: 21px;
}
```

```
.mdd_silde li a {
    display: block;
    padding-right: 5px
    padding-top:20px;
}

.mdd_silde img {
    width: 100%
}
```

2）使用 HTML 制作购物网站的界面，如图 3-39 所示。

图 3-39　购物网站的设计

HTML5 代码：

```
<!DOCTYPE html>
<html>
<head>
<meta http-equiv="Content-Type" content="text/html; charset=UTF-8" />
<meta charset="UTF-8" />
<meta name="viewport" content="width=device-width, initial-scale=1.0, maximum-scale=1.0, user-
scalable=0" />
<meta name="apple-mobile-web-app-capable" content="yes" />
<meta name="apple-mobile-web-app-status-bar-style" content="black" />
<meta content="telephone=no" name="format-detection" />
<link rel="apple-touch-icon-precomposed" href="http://script.suning.cn/images/mobileweb/appicon.png" />
<link rel="apple-touch-startup-image" href="http://script.suning.cn/images/mobileweb/startup.png" />
<title>家用电脑精选</title>
```

```
<link rel="stylesheet" type="text/css" href="css/common.css" />
<link rel="stylesheet" type="text/css" href="css/main.css" />
</head>
 <body style="background:lightskyblue;">   /*设置页面背景效果*/
 <section class="Foot">
 <ul class="link">
 <li><a href="#"><span class="b">硬件</span></a></li>
 <li><a href="#">手机</a></li>
 <li><a href="#">笔记本</a></li>
 <li><a href="#">平板</a></li>
 <li><a href="#">相机</a></li>
 <li><a href="#">DIY</a></li>
 <li><a href="#">外设</a></li>
 <li><a href="#">家电</a></li>
 <li><a href="#">企业</a></li>
 </ul>
 </section>
 <section class="q">
 <div id="adHead" class="adv-banner">
 <a href="#"> <img src="images/1.jpg" alt="" width="320" height="160" /> </a>
 </div>
 <ul class="classify-con">
 <li style="border-color:red;"></li>
 <li  style="background:#7c78ff;">  <a  href="#"><i>电脑硬件</i><span>更多<em>&gt;  </em>
</span></a> </li>
   <li style="border-color:red;"></li>
   </ul>
   <div class="adv-pictures">
   <ul class="fix">
   <li> <a href="#"> <img src="images/2.jpg" alt="CPU" width="146" height="196" /> </a> </li>
   <li><a href="#"> <img src="images/3.jpg" alt="显卡" width="146" height="196" /></a></li>
  <li><a href="#"> <img src="images/4.jpg" alt="主板" width="146" height="196" /> </a></li>
  <li> <a href="#">   <img src="images/5.jpg" alt="内存" width="146" height="196" /> </a></li>
  <li><a href="#">   <img src="images/6.jpg" alt="显示器" width="146" height="196" /> </a></li>
  <li> <a href="#">   <img src="images/7.jpg" alt="机箱" width="146" height="196" /> </a></li>
   <li> <a href="#">   <img src="images/8.jpg" alt="键盘" width="146" height="196" /> </a></li>
  <li> <a href="#">   <img src="images/9.jpg" alt="鼠标" width="146" height="196" /> </a></li>
  </ul>
  </div>
</section>
</body>
</html>
```

核心 CSS 代码：

```
.Foot {
  margin-left:600px;
```

```
    padding: 8px;
    padding-top: 40px;
    color: #666;
    max-width: 800px
  }

.Foot a    {
    color:black;
    text-decoration: none;
}
.Foot a:hover {
    color:darkorange;
}
.Foot .link li {
    width: 10%;
    float: left;
    font-size: 15px;
    padding: 10px 0;
    box-sizing: border-box;
    -webkit-box-sizing: border-box;
    text-align: center
}
.Foot .link li a {
    display: block
}
  .Foot .link li .b {
    padding-bottom:20px;
    font-size: 40px;
}
.q{
    width:800px;
    height:780px;
    margin-top:70px;
    margin-left:540px;
    border:1px solid red;
    border-radius:13px;
    background:white;
}
.adv-banner {
    width: 320px;
    margin-top:90px ;
    margin-left:230px ;
  text-align:center;
  border:1px solid red;
  position: relative;
}
```

```
.classify-con {
  position: relative;
  width: 320px;
    height: 40px;
    line-height: 40px;
    margin: 10px auto 0px auto;
}
.classify-con li {
    position: absolute;
}
.classify-con li:first-child {
    width: 73px;
    height: 18px;
    left: 0px;
    top: 15px;
    border-top: #ff5e5a solid 1px;
}
.classify-con li:nth-child(2) {
    width: 160px;
    height: 32px;
    left: 80px;
    top: 0px;
    background: #ff5e5a;
    border-radius: 20px;
    text-align: center;
}
.classify-con li:nth-child(3) {
    width: 73px;
    height: 18px;
    right: 0px;
    top: 15px;
    border-top: #ff5e5a solid 1px;
}
.classify-con li a {
    color: #fff;
      font-size: 16px;
}
.classify-con li a:hover {
text-decoration: none;
    color:yellow;
}
.classify-con li a i {
    float: left;
    margin-left: 10px;
    height: 32px;
    width: 75px;
```

```
    overflow: hidden;
}
.classify-con li a span {
    margin-left: 6px;
    font-size: 16px;
}
.classify-con li a span em {
    margin-left: 6px;
    font-size: 16px;
}
.adv-pictures {
    width:800px;
    margin: 10px auto 0px auto;
}
.adv-pictures ul li {
    float: left;
    width: 146px;
    margin-bottom: 8px;
    text-align: left;
    margin-left:40px;
    border:1px solid red;
}
.fix:after {
    display: block;
    content: '';
    clear: both;
    visibility: hidden;
}
```

3）使用 HTML 制作多张图像网站的界面，如图 3-40 所示。

图 3-40　多张图像网站的设计

HTML5 代码：

```
<body>
<section class="mdd_con1">
<div class="mdd_box1">
<div class="slider-wrapper1">
 <ul class="mdd_silde1">
 <li><a href="#"><img src="images/1.jpg" width="160" height="500"/></a></li>
 </ul>
</div>
</div>
</section>
<section class="mdd_con"> /*设置该页面右侧第一行图像*/
<div class="mdd_box">
<div class="slider-wrapper">
<ul class="mdd_silde">
<li><a href="#"><img src="images/2.jpg" height="220"/><span>风光 1</span></a></li>
<li><a href="#"><img src="images/3.jpg" height="220"/><span>风光 2</span></a></li>
<li><a href="#"><img src="images/4.jpg" height="220"/><span>风光 3</span></a></li>
 </ul>
</div>
</div>
</section>
<section class="mdd_con">   /*设置该页面右侧第二行图像*/
<div class="mdd_box">
<div class="slider-wrapper">
<ul class="mdd_silde">
<li><a href="#"><img src="images/5.jpg" height="220"/><span>风光 4</span></a></li>
<li><a href="#"><img src="images/6.jpg" height="220"/><span>风光 5</span></a></li>
<li><a href="#"><img src="images/7.jpg" height="220"/><span>风光 6</span></a></li>
</ul>
</div>
</div>
</section>
</body>
```

代码书写中用语句<ul class="mdd_silde1">放置页面中的左侧图像，语句<section class="mdd_con">放置页面中右侧的两行图像。

核心 CSS 代码：

```
.slider-wrapper1 {     /*设置该页面最左侧图像*/
  padding-top:10px;
  padding-left:273px;
  position:absolute;
}
```

对左侧的图像使用绝对定位效果。

```
.slider-wrapper {
  padding-top:10px;
  padding-left:450px;
```

```
}

.mdd_silde {
  overflow: hidden;
  margin-top: 10px;
  overflow: hidden
}

.mdd_silde li {
  float: left;
  width:20%;
  overflow: hidden;
  white-space: nowrap;
  position: relative
}

.mdd_silde li a {
  display: block;
  padding-right: 3px
}

.mdd_silde img {
  width: 100%
}

.mdd_silde span { /*设置该页面图像中的文字*/
  height: 30px;
  padding: 2px 5px;
  line-height: 30px;
  font-size: 13px;
  color: #fff;
  position: absolute;
  left: 0px;
  bottom: 190px;
  background-color: black;
}
```

4）使用 HTML 制作网页中的积分榜界面，如图 3-41 所示。

积分榜			
排名	球队	场次	积分
1	尤文图斯	3	9
2	卡利亚里	3	9
3	那不勒斯	3	7
4	国际米兰	3	6

图 3-41　网页中积分榜的设计

HTML5 代码如下：

```
<body>
```

```
<div id="mainpage">
<header class="h1">
<a href="#"><h1>积分榜</h1> </a>
</header>
<section class="ls">
<div class="list">
<ul class="easy">
<li class="f">
<a href="#">排名</a>
<a href="#">球队</a>
<a href="#">场次</a>
<a href="#">积分</a>
</li>
</ul>
<ul class="easy">
<li class="fa ">
<a href="#">1</a>
<a href="#">尤文图斯</a>
<a href="#">3</a>
<a href="#">9</a>
</li>
</ul>
<ul class="easy">
<li class="fa">
<a href="#">2</a>
<a href="#">卡利亚里</a>
<a href="#">3</a>
<a href="#">9</a>
</li>
</ul>
<ul class="easy">
<li class="fa">
<a href="#">3</a>
<a href="#">那不勒斯</a>
<a href="#">3</a>
<a href="#">7</a>
</li>
</ul>
<ul class="easy">
<li class="fa">
<a href="#">4</a>
<a href="#">国际米兰</a>
<a href="#">3</a>
<a href="#">6</a>
</li>
</ul>
</div>
</section>
</body>
```

核心 CSS 代码如下：

```
.f{     /*设置第二行背景颜色*/
    background:pink;
}
.list li {     /*设置每一行中的显示属性*/
    float:left;
    -webkit-box-flex: 1;
    text-align: left;
    border-bottom: 1px dashed #d6d6d6;
    display: block;
    padding-left: 200px;
    padding-top:17px;
    width: 100%
}
.list li a {     /*设置每一行中的文字效果*/
    text-align: center;
    padding-left:50px;
    padding-right:80px;
    line-height: 38px;
    font-size:28px;
}
```

3.11 习题

1．填空题

（1）margin 的含义是（　　）。

A. 内边距　　B. 外边距　　C. 元素大小　　D. 行高

（2）padding 的含义是（　　）。

A. 内边距　　B. 外边距　　C. 元素大小　　D. 行高

（3）display: block;是指（　　）。

A. 显示效果　　B. 字体大小　　C. 定位效果　　D. 浮动效果

（4）margin: 0 auto;是指（　　）。

A. 居中对齐　　B. 元素大小　　C. 内边距大小　　D. 网页正文

（5）border:1px solid red;是指（　　）。

A. 网页头部　　B. 网页主体　　C. 网页导航　　D. 网页说明

（6）position: relative;是指（　　）。

A. 网页头部　　B. 网页页脚　　C. 网页导航　　D. 网页说明

2. 简答题

（1）简述响应式布局的含义。

（2）简述框模型的含义。

（3）简述 CSS 的定位设置。

（4）简述 CSS 中超链接的设置。

第 4 章　HTML5 表单设计

本章要点

- 表单的概念
- 表单常用标签
- 表单应用技巧

4.1　表单的基本元素

表单

4.1.1　表单介绍

每一个网站都需要至少一个表单，用于与用户进行交互。表单是一个包含表单元素的区域，它可以实现用户的登录、留言等功能。从表单的组成来看，一个表单由表单区域和表单元素组成，表单区域是由标签<form></form>构成的区域，表单元素是允许用户在表单中（如文本域、下拉列表、单选框、复选框等）输入信息的元素。如图 4-1 所示为表单的实例。

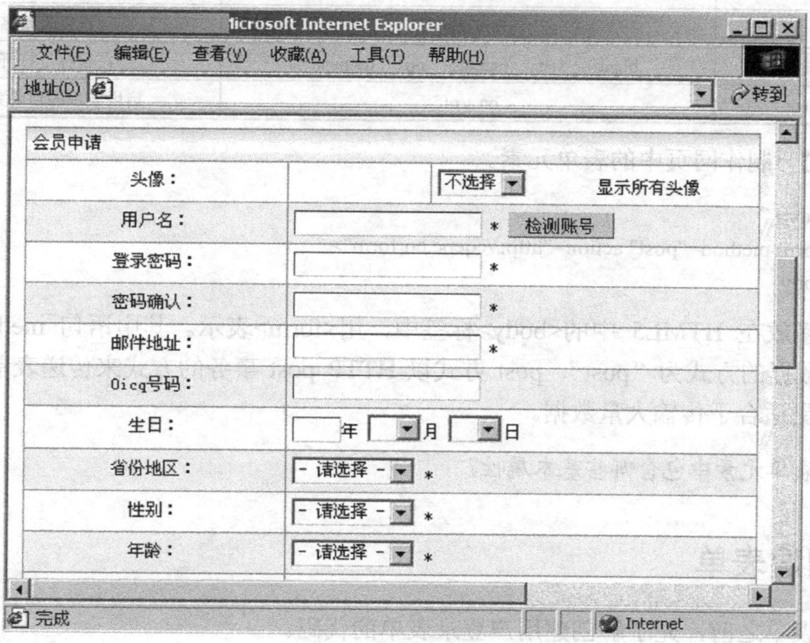

图 4-1　表单

在该页面中包含了大量的表单元素，用户填写的相关信息在提交到网站中去后可由网站后台管理人员进行处理，因此这种在线处理信息的方式在网站中一直广受欢迎。但是在之前的 HTML4 中，由于表单元素较少，开发较复杂，因而使用并不是特别方便。随着 HTML5 的出现，新的 WebForm 2.0 对表单进行了全面提升，增加了新的表单及表单属性，使表单功能变得越来越强大，使用表单变得越来越简单和快捷。在 HTML5 中一个表单主要由 3 个基本部分组成：表单标签、表单域和表单按钮。

表单标签主要包含了处理表单数据所用 CGI 程序的 URL 以及数据提交到服务器的方法，如定义输入域的 input 标签、定义控制的 label 标签、定义域的 fieldset 标签、定义选择列表 select 标签等。

表单域包含了文本框、密码框、隐藏域、多行文本框、复选框、单选框、下拉选择框和文件上传框等。

表单按钮包括提交按钮、复位按钮和一般按钮；用于将数据传送到服务器上的 CGI 脚本或者取消输入，还可以用表单按钮来控制其他定义了处理脚本的处理工作。

此外，在表单中还有很多不同的属性用来实现不同的功能。表 4-1 列出了<form>中的属性。

表 4-1　表单的属性

属　性	属 性 值	说　明
action	URL 地址	提交表单的地址
method	get、post	设置发送数据的方式
name	form_name	设置表单名称
target	_blank、_self、_parent、_top、_framename	在目标下打开地址
autocomplete	on、off	启用表单的自动完成功能

【例 4-1】 制作网页中的表单元素。

```
<body>
<form method="post" action="http://cqepc.cn/form">
</body>
```

表单元素放在 HTML5 中的<body>标签中，用<form>表示。其中语句 method="post"表示表单发送数据的方式为“post”，post 方式以 HTTP post 事务的方式来传递表单，与 get 方式相比 post 更适合于传输大量数据。

想一想：表单元素中包含哪些基本属性？

4.1.2　创建表单

在学习表单之前，先了解创建用户登录表单的代码。

【例 4-2】 制作在网页中的表单，在浏览器中显示如图 4-2 所示。

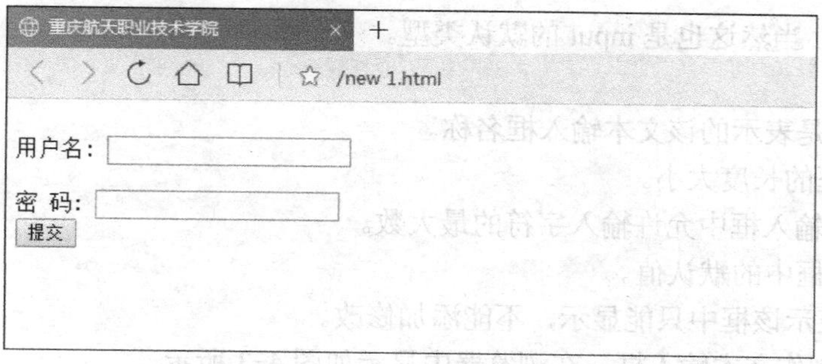

图 4-2　用户登录表单

代码如下：

```
<!DOCTYPE html>
<html>
<head>
<meta charset="utf-8">
<title>重庆航天职业技术学院</title>
</head>
<body>
<form action="server.php">
用户名: <input type="text" name="username" value=" "><br>
    <br>
密　码: <input type="password" name="password"><br>
<input type="submit" value="提交">
</form>
</body>
</html>
```

该例中 form 就是表单标签；action 表示表单提交的动作；input 表示表单的输入方式；text、password 就是表单域，其中 text 表示文本，password 表示密码；submit 就是表单按钮，提交结果交给 server.php 的服务器。

4.2　表单元素的应用

4.2.1　input 标签

input 表示 Form 表单中的一种输入对象，但是它又因 type 类型的不同而分文本输入框、密码输入框、提交/重置按钮等。基本语法如下：

```
<input type="类型" name="名称">
```

其中 type 表示该表单的 input 类型，name 表示该表单的名称。例如：

```
<input type="text" name="username">
```

1. 文本输入框

当输入类型是 text，这是使用最多的，如登录输入用户名、注册输入电话号码、电子邮件、家庭住址等。当然这也是 input 的默认类型。

参数如下。

name：同样是表示的该文本输入框名称。

size：输入框的长度大小。

maxlength：输入框中允许输入字符的最大数。

value：输入框中的默认值。

readonly：表示该框中只能显示，不能添加修改。

【例 4-3】 制作文本输入框，在浏览器中显示如图 4-3 所示。

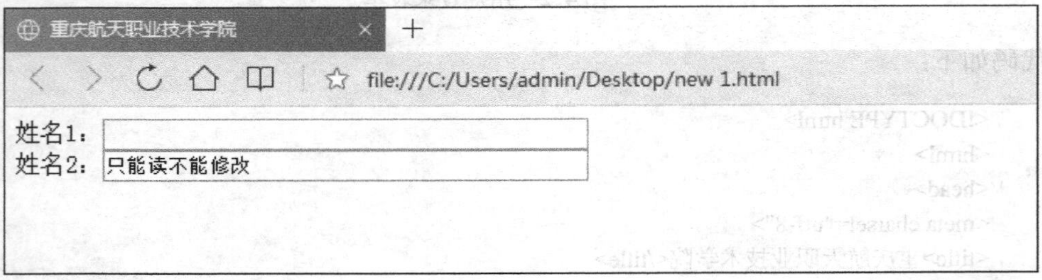

重庆航天职业技术学院

file:///C:/Users/admin/Desktop/new 1.html

姓名1：

姓名2：只能读不能修改

图 4-3　文本框输入效果

代码如下：

```
<!doctype html>
<html>
  <head>
     <meta charset="utf-8">
     <title>重庆航天职业技术学院</title>
  </head>
  <body>
            <form action="">
              姓名 1：<input type="text" name="yourname" size="40" maxlength="20" value=" "><br>
              姓名 2：<input type="text" name="yourname" size="40" maxlength="20" readonly
value="只能读不能修改"><br>
            </form>
  </body>
</html>
```

该例中 size="40"代表输入框长度为 40，maxlength="20" 代表输入框允许输入最大字符数为 20，readonly 代表只能读，不能输入。

2. 密码输入框

当输入类型为 password 的时候，它的使用和输入类型为 text 时候相当。最大的区别就是当在此输入框输入信息时，显示为保密字符，如星号或者原点，参数也和输入类型为 text 相类似。

【例 4-4】 制作密码输入框，在浏览器中显示如图 4-4 所示。

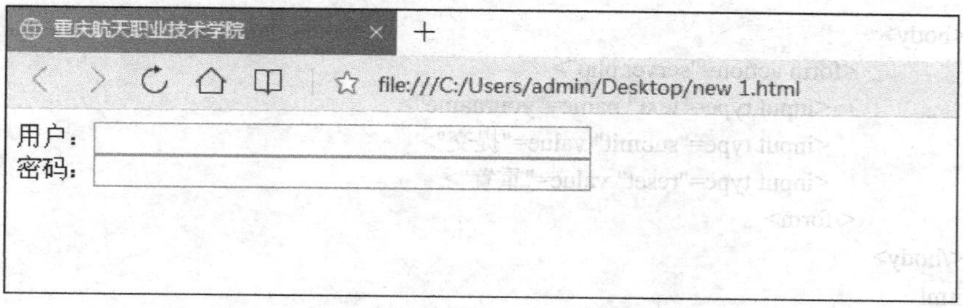

重庆航天职业技术学院

file:///C:/Users/admin/Desktop/new 1.html

用户：

密码：

图 4-4　用户账号和密码登录

代码如下：

```
<!doctype html>
<html>
  <head>
      <meta charset="utf-8">
        <title>重庆航天职业技术学院</title>
  </head>
  <body>
              用户：<input type="text" name="yourname" size="40" maxlength="20" value=" "><br>
              密码：<input type="password" name="yourpassword" size="40" maxlength="20" value=" ">
            </form>
  </body>
```

3. 提交和重置按钮

当输出类型为 submit 的时候，作用是生成“提交”按钮；当输出类型为 reset 的时候，作用是生成“重置”按钮。submit 主要功能是将 Form 中所有内容进行提交 action 页处理，reset 则具有快速清空所有填写内容的功能。

【例 4-5】 制作提交和重置按钮，在浏览器中显示如图 4-5 所示。

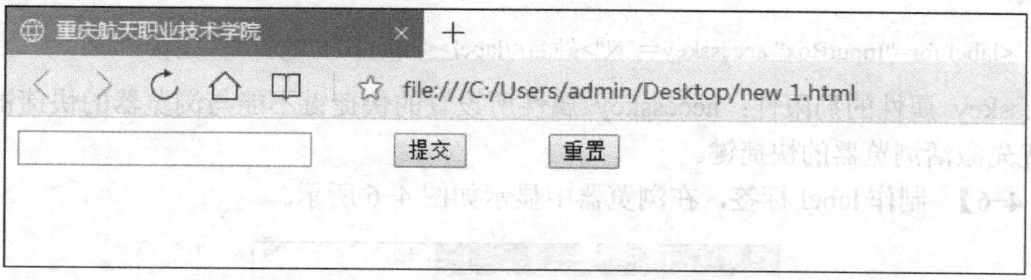

重庆航天职业技术学院

file:///C:/Users/admin/Desktop/new 1.html

提交　重置

图 4-5　提交和重置按钮设置

代码如下：

```
<!doctype html>
<html>
  <head>
      <meta charset="utf-8">
        <title>重庆航天职业技术学院</title>
  </head>
```

```
    <body>
        <form action="server.php">
            <input type="text" name="yourname">
            <input type="submit" value="提交">
            <input type="reset" value="重置">
        </form>
    </body>
</html>
```

该例在文本框内输入内容后，单击“提交”按钮将输入内容提交给“server.php”，单击“重置”按钮将清除在文本框内输入的内容。

4.2.2 label 标签

label 标签不会向用户呈现任何特殊效果，不过它为鼠标用户改进了可用性。在 label 元素内单击文本，就会触发此控件。就是说，当用户选择该标签时，浏览器就会自动将焦点转到和标签相关的表单控件上。<label></label> 这对标签的微妙之处在于，当想选中文本框，不必非得在框内单击鼠标，直接单击由 label 标签标记的文本即可，相当于给 form 表单的 input 元素添加了一个感应区。

label 中有两个属性非常重要，一个是 for，另外一个是 accesskey。

（1）for 属性

功能：表示 label 标签要绑定的 html 元素，单击此标签时，所绑定的元素将获取焦点。

用法：

```
<label for="InputBox">姓名</label ><input ID="InputBox" type="text">
```

（2）accesskey 属性

功能：表示访问 label 标签所绑定的元素的热键，当按下热键，所绑定的元素将获取焦点。

用法：

```
<label for="InputBox" accesskey＝"N">姓名</label><input ID="InputBox" type="text">
```

accesskey 属性的局限性：accesskey 属性所设置的快捷键不能与浏览器的快捷键冲突，否则将优先激活浏览器的快捷键。

【例 4-6】 制作 label 标签，在浏览器中显示如图 4-6 所示。

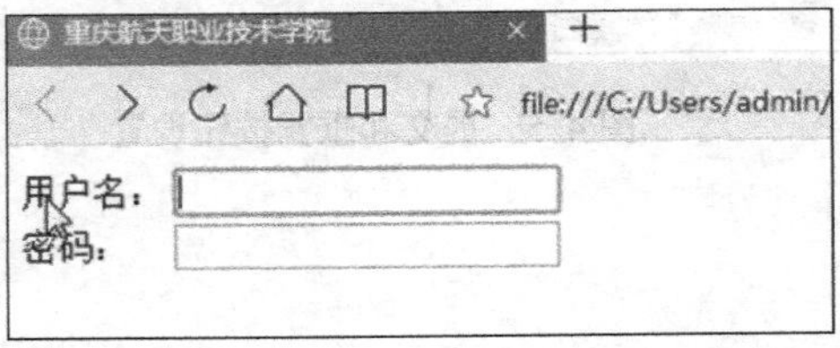

图 4-6　label 标签

代码如下：

```
<!DOCTYPE html>
<html>
```

```
<head>
    <meta charset="UTF-8">
    <title>重庆航天职业技术学院</title>
</head>
<body>
    <table>
        <tr>
            <td><label for="username" accesskey="1">用户名：</label></td>
            <td><input type="text" name="username" id="username"></td>
        </tr>
        <tr>
            <td><label for="password" accesskey="2">密码：</label></td>
            <td><input type="password" name="password" id="password"></td>
        </tr>
    </table>
</body>
</html>
```

这段代码运行后，当单击“用户名”时，光标会自动在用户名输入文本框内闪烁，当单击“密码”时，光标会自动在密码输入文本框内闪烁。或者采用〈Alt+1〉组合键这种快捷方式也可以让光标在用户名输入文本框内闪烁，而采用〈Alt+2〉组合键这种快捷方式就可以让光标在密码输入文本框内闪烁。

4.2.3 fieldset 标签

fieldset 标签的作用是在逻辑上将表单中的元素组合起来，并且 fieldset 标签会在相关表单元素周围绘制边框。在使用时，常用<legend>标签为 fieldset 元素定义标题。

【例 4-7】 制作 fieldset 标签，在浏览器中显示如图 4-7 所示。

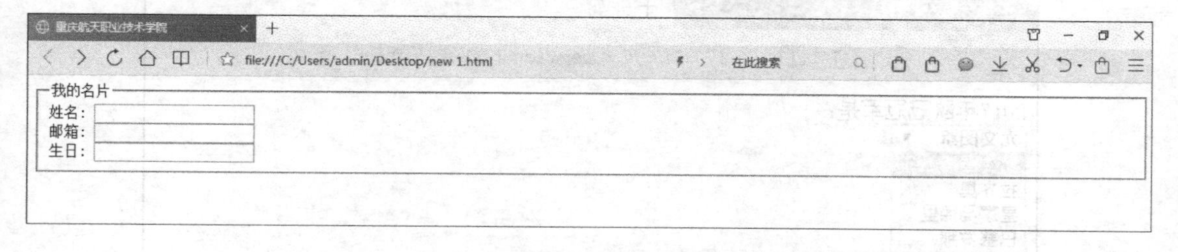

图 4-7　fieldset 标签

代码如下：

```
<!DOCTYPE html>
<html>
<head>
    <meta charset="UTF-8">
    <title>重庆航天职业技术学院</title>
</head>
<body>
<form>
```

```
    <fieldset>
      <legend>我的名片</legend>
      姓名: <input type="text" /><br />
      邮箱: <input type="text" /><br />
      生日: <input type="text" />
    </fieldset>
  </form>
  </body>
  </html>
```

该例通过使用 fieldset 标签将整个表单框起来，其中语句“<legend>我的名片</legend>”为该表单中的 fieldset 区域加入了标题“我的名片”。

4.2.4 select 标签

select 元素可创建单选或多选菜单。当提交表单时，浏览器会提交选定的项目，或者收集用逗号分隔的多个选项，将其合成一个单独的参数列表，并且在将 <select> 表单数据提交给服务器时包括 name 属性。常见语法如下：

```
<select>
<option value ="1">1</option>
<option value ="2">2</option>
<option value="3">3</option>
<option value="4">4</option>
</select>
```

其中语句 <option value ="1">1</option>表示该菜单中一项列表的取值为 1。

【例 4-8】 制作 select 标签，在浏览器中显示如图 4-8 所示。

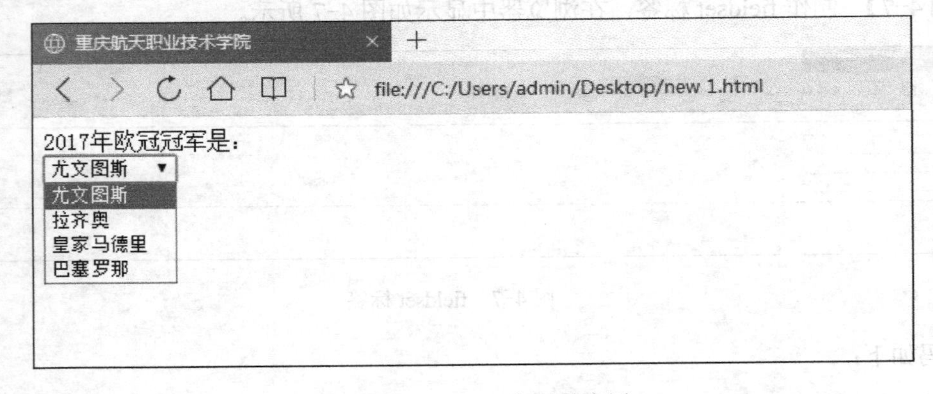

图 4-8　select 标签的应用

代码如下：

```
<!DOCTYPE html>
<html>
<head>
    <meta charset="UTF-8">
    <title>重庆航天职业技术学院</title>
```

```
</head>
<body>
2017 年欧冠冠军是:
<br>
    <select>
        <option value ="1">尤文图斯</option>
        <option value ="2">拉齐奥</option>
        <option value="3">皇家马德里</option>
        <option value="4">巴塞罗那</option>
    </select>
</form>
</body>
</html>
```

在该例的下拉菜单中出现了 4 个取值：尤文图斯、拉齐奥、皇家马德里和巴塞罗那，用户可选择其一。

4.2.5 单选复选标签

表单 单选 复选

1. 单选标签

当标签类型为“radio”即单选框出现在多选一的页面设定中，参数有 name、value 及特别参数 checked（表示默认选择）。值得注意的是，name 值一定要相同，否则就不能多选一。提交到处理页的是 value 值。

【例 4-9】 制作单选标签，在浏览器中显示如图 4-9 所示。

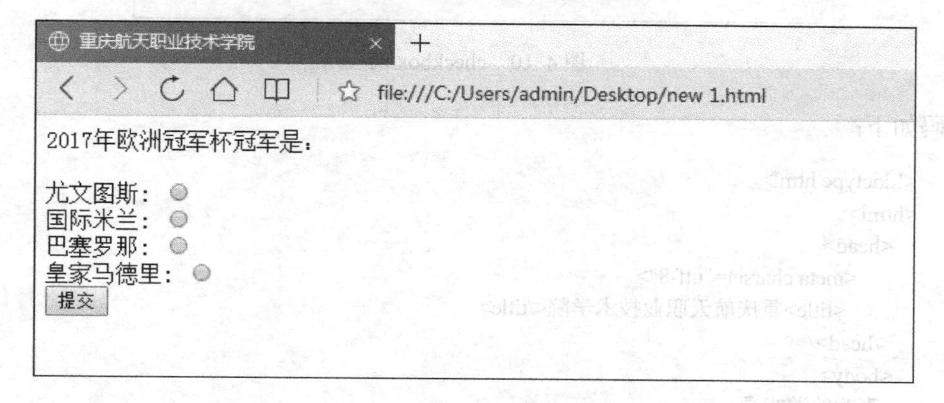

图 4-9 radio 的应用

代码如下：

```
<!doctype html>
<html>
  <head>
      <meta charset="utf-8">
        <title>重庆航天职业技术学院</title>
  </head>
  <body>
  2017 年欧洲冠军杯冠军是:
```

```
        <form action="champion.php"><br>
            尤文图斯:   <input type="radio" name="checkit" value="尤文图斯" ><br>
            国际米兰:   <input type="radio" name="checkit" value="国际米兰"><br>
            巴塞罗那:   <input type="radio" name="checkit" value="巴塞罗那"><br>
            皇家马德里: <input type="radio" name="checkit" value="AC 米兰"><br>
            <input type="submit" value="提交">
        </form>
    </body>
</html>
```

该例使用单选标签来让用户选择一个球队，注意：这里的选项不能多选。

2. 复选标签

当标签类型为“checkbox”时就为多选框，常见于注册时选择爱好、性格等信息。参数有 name、value 及特别参数 checked（表示默认选择）。

【例 4-10】 制作复选标签，在浏览器中显示如图 4-10 所示。

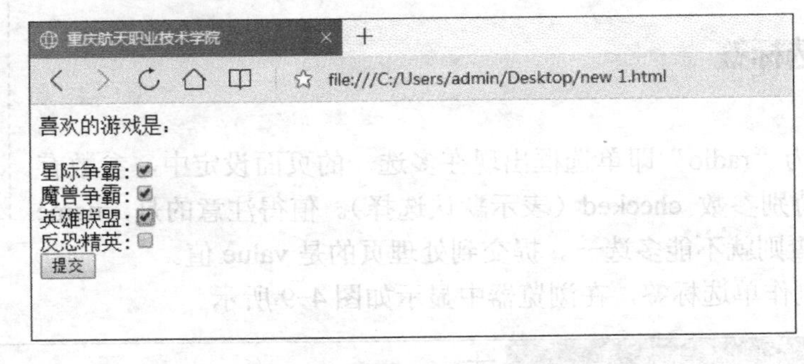

图 4-10　checkbox 的应用

代码如下：

```
<!doctype html>
<html>
  <head>
      <meta charset="utf-8">
      <title>重庆航天职业技术学院</title>
  </head>
  <body>
   喜欢的游戏是:
        <form action="champion.php"><br>
            星际争霸:<input type="checkbox" name="checkit" value="星际争霸" checked><br>
            魔兽争霸:<input type="checkbox" name="checkit" value="魔兽争霸"><br>
            英雄联盟:<input type="checkbox" name="checkit" value="英雄联盟"><br>
            反恐精英:<input type="checkbox" name="checkit" value="反恐精英"><br>
            <input type="submit" value="提交">
        </form>
  </body>
</html>
```

该例使用复选标签来让用户选择喜欢的游戏，这里的选项值可以多选。

4.2.6 时间与日期标签

time 标签定义公历的时间（24 小时制）或日期，时间和时区偏移是可选的。该元素能够以机器可读的方式对日期和时间进行编码，比如说，用户代理能够把生日提醒或排定的事件添加到用户日程表中，搜索引擎也能够生成更智能的搜索结果。

【例 4-11】 制作时间与日期标签，在浏览器中显示如图 4-11 所示。

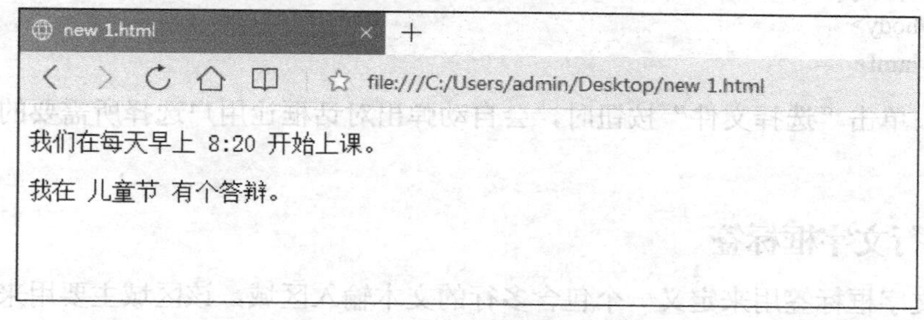

图 4-11 time 和 date 标签应用

代码如下：

```
<!doctype html>
<html>
<body>
<p>
我们在每天早上 <time>8:20</time> 开始上课。
</p>
<p>
我在 <time datetime="2017-06-01">儿童节</time> 有个答辩。
</p>
</body>
</html>
```

4.2.7 文件域标签

文件域标签主要用于在网页中文件的上传。在网站设计时，一般会让用户上传一些资料，这时就会使用到文件域类型的标签。基本语法如下:

```
<input type="file" name="file"/>
```

【例 4-12】 制作文件域标签，在浏览器中显示如图 4-12 所示。

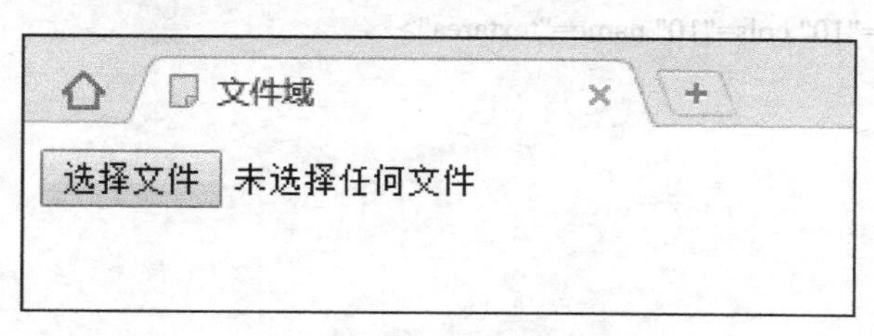

图 4-12 文件域标签应用

代码如下：

```
<!doctype html>
<html>
<head>
<title>文件域</title>
</head>
<body>
<input type="file" name="file"/>
</body>
</html>
```

当用户单击“选择文件”按钮时，会自动弹出对话框让用户选择所需要的文件并上传到网页中。

4.2.8 多行文字框标签

多行文字框标签用来定义一个包含多行的文本输入区域，该区域主要用来输入文本。基本语法如下：

```
<textarea rows="10" cols="10">多行文字框</textarea>
```

其中，rows 表示该文本区域的行数，cols 表示该区域等等列数。

【例 4-13】 制作在表单中的多行文字框，在浏览器中显示如图 4-13 所示。

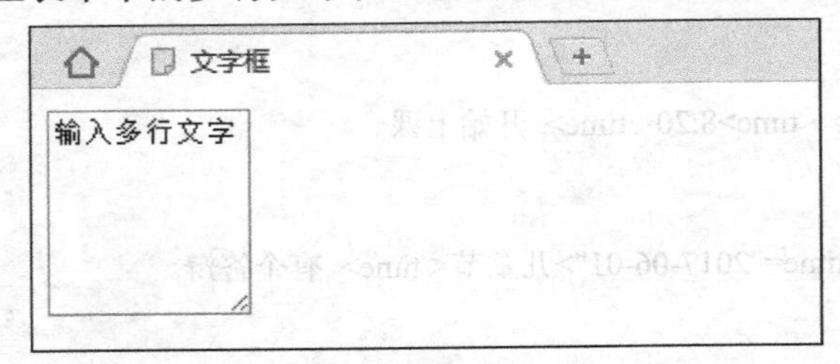

图 4-13 多行文字框标签应用

代码如下：

```
<!doctype html>
<html>
<head>
<title>文字框</title>
</head>
<body>
<form>
<textarea rows="10" cols="10" name="textarea">
输入多行文字
</textarea>
</form>
</body>
</html>
```

4.2.9 number 属性标签

number 属性是一种数字类型的输入表单控件，主要用于给用户提供一个可自由调节的数字界面。基本语法如下：

```
<input type="number" name="number"/>
```

其中可选择如下参数：

1）min 属性表示输入数值的最小值。

2）max 属性表示输入数值的最大值。

3）step 属性表示输入数字的间隔，如果设置 step 值为 3，则表示用户输入的数字只能以 3 为间隔进行调整，如 0、3、6、9......。

【例 4-14】 制作在表单中的 number 类型控件，在浏览器中显示如图 4-14 所示。

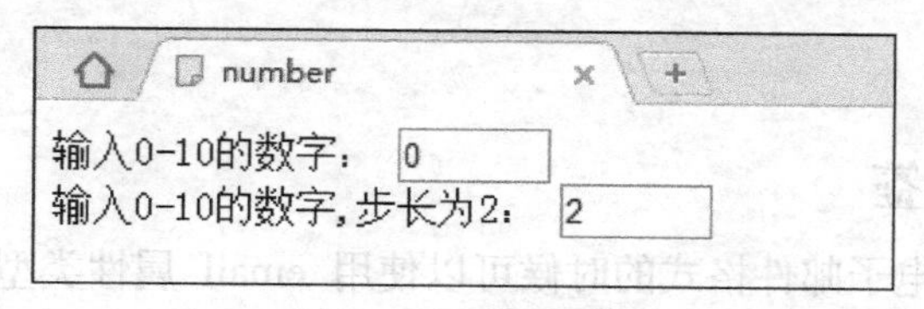

图 4-14　number 标签应用

代码如下：

```
<!doctype html>
<html>
<head>
<title>number</title>
</head>
<body>
输入 0-10 的数字：
<input type="number" name="number1" min="0" max="10"/><br/>
输入 0-10 的数字,步长为 2：
<input type="number" name="number2" min="0" max="10" step="2"/><br/>
</body>
</html>
```

4.2.10　range 属性标签

range 类型的表单控件是一种依靠滑块进行数值调节的输入型表单。range 类型显示为网页中的滑块条，并对应一定范围的数字。基本语法如下：

```
<input type="range" name="range" min="" max="" step=""/>
```

与 number 类型控件相似，在 range 里 min 也表示输入的最小值，max 表示最大值，step 表示步长。

【例 4-15】 制作在表单中的 range 类型控件，在浏览器中显示如图 4-15 所示。

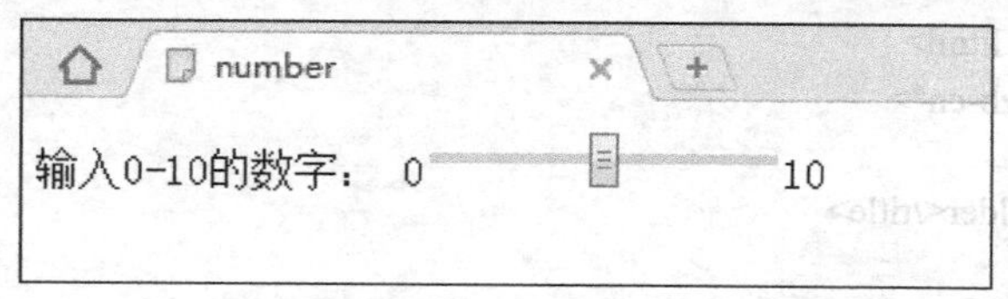

图 4-15　range 标签应用

代码如下：

```
<!doctype html>
<html>
<head>
<title>number</title>
</head>
<body>
输入 0-10 的数字：
0<input type="range" name="number1" min="0" max="10" step="1"/>10<br/>
</body>
</html>
```

4.2.11 email 属性标签

在网页中需要填入电子邮件格式的时候可以使用 email 属性类型的标签。该标签可以对用户输入的值进行自动验证，以确保格式正确。基本语法如下：

```
<input type="email" name="email"/>
```

4.2.12 placeholder 属性标签

placeholder 属性标签用于给浏览者提供一段提示语句，当用户的光标移动到此处时，会获得网页中的帮助信息，从而更方便进行输入。基本语法如下：

```
<input placeholder="提示文本"/>
```

【例 4-16】 制作 placeholder 属性标签，在浏览器中显示如图 4-16 所示。

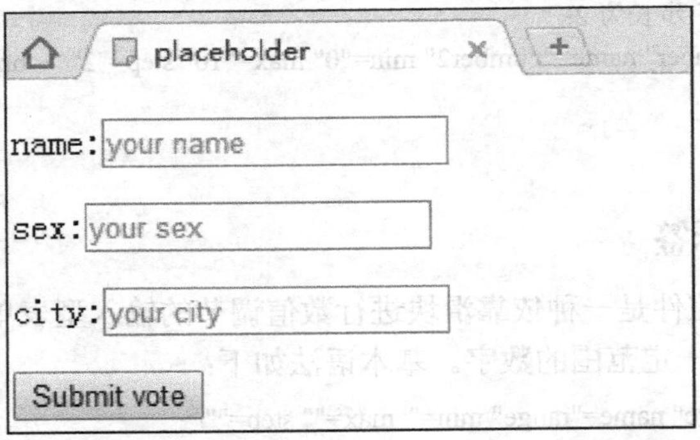

图 4-16 placeholder 标签应用

代码如下：

```
<!DOCTYPE html>
<html lang="zh-cn">
<head>
<title> placeholder</title>
</head>
<body>
```

```
<form method="post" action="http://cqepc.cn/form">
<p><label for="name">name:<input placeholder="your name" id="name" name="name"/> </label> </p>
<p><label for="sex">sex:<input placeholder="your sex" id="sex" name="sex"/></label></p>
<p><label for="city">city:<input placeholder="your city" id="city" name="city"/></label></p>
<button>Submit vote</button>
</body>
</html>
```

4.2.13 表单实例

表单实例

【例 4-17】 制作网页中发送电子邮件的表单实例，在浏览器中显示如图 4-17 所示。

重庆航天职业技术学院

file:///C:/Users/admin/Desktop/new 1.html

发送邮件到 9611718@qq.com:

姓名:

E-mail:

意见:

你的意见

发送 重置

图 4-17 从表单发送电子邮件

代码如下：

```
<!DOCTYPE html>
<html>
<head>
<meta charset="utf-8">
<title>重庆航天职业技术学院</title>
</head>
<body>
    <h3>发送邮件到 9611718@qq.com:</h3>
    <form action="MAILTO:9611718@qq.com" method="post" enctype="text/plain">
        姓名:<br>
        <input type="text" name="name" value=" "><br>
        E-mail:<br>
        <input type="email" name="mail" value=" "><br>
        意见:<br>
        <input type="text" name="comment" value="你的意见" size="50"><br><br>
```

```
            <input type="submit" value="发送">
            <input type="reset" value="重置">
        </form>
    </body>
</html>
```

该例中语句 type="email"将该表单中的<input>标记定义为 email 类型，该类型可对输入的值进行验证，以保证正确的电子邮件格式。

4.3 HTML5 其他表单新元素

前面介绍了很多表单元素，本节继续介绍几个 HTML5 表单中的新属性，常用于<form>和<input>标签中。

4.3.1 autocomplete 属性标签

autocomplete 属性是 HTML5 中新加入的属性，它规定了表单是否拥有自动完成的功能。autocomplete 属性适用于<form>标签和以下类型的<input>标签：text、search、url、telephone、email、password、datepickers、range 和 color。基本语法如下：

```
<form action="" method="" autocomplete="on" >
```

【例 4-18】 制作 autocomplete 标签。

代码如下：

```
<form action="form.asp" method="get" autocomplete="on" ></form>
```

当用户在自动完成域中开始输入时，浏览器在该域在显示填写的选项。

4.3.2 表单重写属性标签

表单重写属性允许开发者重新书写表单元素，包含以下几种：

1）formaction：重写表单的 action 属性。

2）formenctype：重写表单的 enctype 属性。

3）formmethod：重写表单的 method 属性。

4）formnovalidate：重写表单的 novalidate 属性。

5）formtarget：重写表单的 target 属性。

表单重写属性适用于以下类型的<input>标签：submit 和 image。

【例 4-19】 制作表单重写属性标签。

```
<input type="submit"   formaction="get.asp"   value="提交"/>
```

此例里将按钮的提交地址改为 get.asp。

4.3.3 autofocus 属性标签

autofocus 属性可以让页面的表单元素在页面加载完以后自动获得焦点，它适用于所有类型的<input>标签。基本语法如下：

```
<input    autofocus=" autofocus "/>
```

【例 4-20】 制作 autofocus 属性标签。

```
<input type="text"    name="username"    autofocus=" autofocus "/>
```

4.3.4 pattern 属性标签

pattern 属性用于给<input>区域加上一个正则表达式进行数据的匹配，它适用于以下类型的<input>区域：text、search、url、telephone、email 和 password。基本语法如下：

```
<input pattern="正则表达式"/>
```

【例 4-21】 制作 pattern 属性示例。

```
<input type="text" name="username" pattern="[a-z]"/>
```

该例表示用户名可以匹配为 a～z 的任意英文字符。

4.4 表单综合应用

这一节运用表单中的各种属性类型设计一个综合性的例子。

【例 4-22】 制作综合性的表单实例，在浏览器中显示如图 4-18 所示。

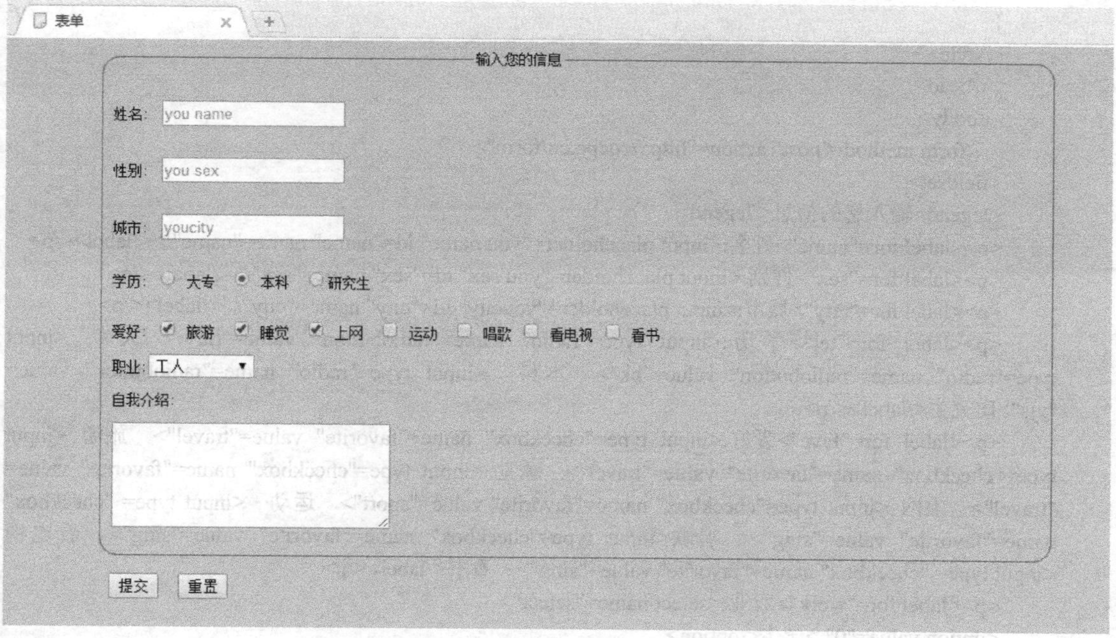

图 4-18 表单综合实例

代码如下：

```
<!DOCTYPE html>
<html lang="zh-cn">
```

```
<head>
  <meta http-equiv="Content-Type" content="text/html; charset=UTF-8" />
  <title>表单</title>
  <style>
body{
    background:pink;
    font-size:12px;
    width:800px;
    margin-left:300px;
}
fieldset{
    border:1px solid red;
    border-radius:15px;
}
legend{
    margin-left:300px;
}
input{
    margin-left:10px;
    margin-top:15px;
}
textarea{
    padding-top:10px;
}
  </style>
  </head>
  <body>
   <form method="post" action="http://cqepc.cn/form">
  <fieldset>
  <legend>输入您的信息</legend>
  <p><label for="name">姓名:<input placeholder="you name" id="name" name="name"/></label></p>
  <p><label for="sex">性别:<input placeholder="you sex" id="sex" name="sex"/></label></p>
  <p><label for="city">城市:<input placeholder="youcity" id="city" name="city"/></label></p>
  <p><label for="tel">学历:<input type="radio" name="radiobutton" value="dz"> 大专 <input type="radio" name="radiobutton" value="bk"> 本科 <input type="radio" name="radiobutton" value="yjs">研究生</label></p>
  <p><label for="fave">爱好:<input type="checkbox" name="favorite" value="travel"> 旅游 <input type="checkbox" name="favorite" value="travel"> 睡觉 <input type="checkbox" name="favorite" value="travel"> 上网 <input type="checkbox" name="favorite" value="sport"> 运动 <input type= "checkbox" name="favorite" value="sing"> 唱歌<input type="checkbox" name="favorite" value="sing"> 看电视 <input type= "checkbox" name="favorite" value="sing"> 看书</label></p>
  <p><label for="work">职业:<select name="select">
  <option value="0" >学生</option>
   <option value="1" selected>教职员工</option>
   <option value="2">工人</option>
   <option value="3" >公务员</option>
   <option value="4" >经纪人</option>
   <option value="5" >演员</option>
```

```
  <option value="6" >科技工作者</option>
</select></label></p>
自我介绍:
<p><label for="jieshao"><textarea name="memory" cols="30" rows="5"></textarea></label></p>
</fieldset>
<input div="a" type="submit" name="Submit" value="提交">
<input div="a" type="reset" name="reset" value="重置">
  </body>
</html>
```

该例制作一个综合性的表单，其中包含多种表单属性，并通过 CSS 样式表对该表单作了修饰，将页面设置为粉红色，并设置了表单元素的内边距。该表单在自我介绍栏目中使用表单属性中的文本域“textarea”来实现。

4.5 小结

在本章中讲解了表单的基本概念，并且通过实例了解表单的应用。同时介绍了常见的表单控件及属性的应用，如 input、label、fieldest 等标签。

简单理解，表单对于用户而言就是数据的录入和提交的界面；而表单对于网站而言就是获取用户信息的途径。表单实质由两部分组成，一部分存储表单控件的网页文件，另外一部分是处理表单提交数据的处理程序，该程序在服务器上运行。

4.6 实训

1．实训目的

通过本章实训了解 HTML5 表单标签属性及特点，掌握 HTML5 中制作表单的方式。

2．实训内容

1）制作个人简历表单。

```
<!DOCTYPE html>
<html lang="en">
<head>
<meta charset="UTF-8">
<title>个人简历</title>
<style>
    .tab{
        width: 500px;
        height: 500px;
        text-align: center;
    }
    .tab1{
        width: 500px;
        height: 50px;
        text-align: center;
    }
```

```
    </style>
  </head>
  <body>
    <table class="tab" border="1" cellspacing="0">
        <!-- tr*10>td{$}*10 -->
        <tr>
            <td>1</td>
            <td colspan="2">2</td>
            <td>3</td>
            <td>4</td>
            <td colspan="5" rowspan="7" width="50%">5</td>
        </tr>
        <tr>
            <td>1</td>
            <td colspan="2">2</td>
            <td>3</td>
            <td>4</td>
        <tr>
            <td>1</td>
            <td colspan="2">2</td>
            <td>3</td>
            <td>4</td>
        </tr>
        <tr>
            <td>1</td>
            <td colspan="2" >2</td>
            <td>3</td>
            <td>4</td>
        </tr>
        <tr>
            <td rowspan="3">1</td>
            <td rowspan="3" colspan="2">2</td>
            <td rowspan="3">3</td>
            <td rowspan="3">4</td>
        </tr>
        <tr>

        </tr>
        <tr>
        </tr>
        <tr>
            <td>1</td>
            <td colspan="9">2</td>
        </tr>
        <tr>
            <td>1</td>
            <td colspan="3">2</td>
```

```
            <td>3</td>
            <td colspan="5">4</td>
        </tr>
    </table>
    </body>
</html>
```

2）制作网站登录表单。

```
<!DOCTYPE html>
<html>
<head>
    <meta charset="utf-8">
    <title>重庆航天职业技术学院</title>
    </head>
     <body>
     <div class="wrapper">
     <form action="/chaos/EvilEmail.html" method="post" >
     <div class="loginBox">
            <div class="loginBoxCenter">
                <p><label for="username">电子邮箱：</label></p>
                <p><input type="email" id="email" name="email" class="loginInput" autofocus=
"autofocus" required="required" autocomplete="off" placeholder="请输入电子邮箱" value="" /></p>
                <p><label for="password">密码：</label><a class="forgetLink" href="#">忘记密
码?</a></p>
                <p><input type="password" id="password" name="password" class="loginInput"
required="required" placeholder="请输入密码" value="" /></p>
            </div>
            <div class="loginBoxButtons">
                <input id="remember" type="checkbox" name="remember" />
                <label for="remember">记住登录状态</label>
                <button class="loginBtn">登录</button>
            </div>
     </div>
     </form>
</div>
     </body>
</html>
```

4.7 习题

1. 选择题

（1）在 HTML 中，（　　）标签用于在网页中创建表单。

A. <input>　　B. <select>　　C. <table>　　D. <form>

（2）现要设计一个可以输入电子邮件地址的 Web 页，应该使用的语句是（　　）。

A. <input type=radio>

B. <input type=text>

C. <input type=password>

D. <input type=checkbox>

（3）对于标签〈input type=*〉，如果希望实现密码框效果，*值是（　　）。

A. hidden　　B. text　　C. password　　D. submit

（4）HTML 代码<select name="name"></select>表示（　　）。

A. 创建表格　　B. 创建一个滚动菜单

C. 设置每个表单项的内容　　D. 创建一个下拉菜单

2. 填空题

（1）<input>标记中，_____属性的值是相应处理程序中的变量名；____属性用于指出用户输入值的类型。

（2） <input>标记中，type 属性有 9 种取值，分别是___、____、__、____、___、____、___、_____、___。

（3）当 type=text 时，<input>标记除了有两个不可默认的属性_______和_______外，还有 3 个可选的属性：______、_______和_______。

第5章　音频与视频设计

本章要点

- 音频播放
- 视频播放

5.1　多媒体标签概述

多媒体是网页开发中必不可少的一部分，但是早期开发网页的多媒体功能较为复杂，除了使用 Object 标签嵌入多媒体对象外，还需要调用第三方软件来加载。而且由于每个厂商都有自己的标准，每个网站编码和格式也都不相同，因此不是所有的浏览器都支持多媒体文件的播放。虽然 Flash 的出现解决了某些问题，但是 Apple 在 2007 年决定任何设备将不再支持 Flash，因此在网页中开发多媒体一直是开发人员十分痛苦的工作。

HTML5 作为 HTML 的新标准，不仅可以用它来实现之前 HTML 可以实现的功能，还可以用 HTML5 的<video>和<audio>非常方便地在网页上添加视频和音频，因此在 HTML5 中不需要很复杂的代码，就能打造一款功能齐全的多媒体播放器，从而让开发人员在网页中开发多媒体中的音频和视频文件变得十分简单和方便。

HTML5 中常见的多媒体标签如下。

1）audio 标签：表示音频文件。

2）video 标签：表示视频文件。

3）source 标签：为多媒体元素定义媒介。

4）embed 标签：HTML5 中新增加的标签，用于定义嵌入的内容，格式可以是 wav、midi、Flash 等。常见语法如下：

```
<embed src="URL"    width=""    height=""/>
```

音频的播放

5.2　音频标签的具体应用

5.2.1　音频标签的定义

在 HTML5 中，audio 标签用于定义文档中的音频内容。在页面中增加<audio>标签，最直接的办法就是在页面中嵌套。

常见语法如下：

```
<audio src="audio/sample.mp3"    autoplay></audio>
```

这里通过 src 定义要播放的 MP3 文件以及在页面根目录下的位置，并且设置了 autoplay 为自动播放。也可以使用 javascript 的方法去设置音频的播放。

常见语法如下：

```
var audio = document.createElement("audio");
if (audio != null && audio.canPlayType && audio.canPlayType("audio/mpeg"))
{
    audio.src = "audio/sample.mp3";
    audio.play();
}
```

最后，甚至可以用音频流的方式进行嵌套。

常见语法如下：

```
<audio src="data:audio/mpeg,ID3%02%00%00%00%00%..." autoplay></audio>
```

对比上面的 3 种关于 audio 标签的使用方法，第 1 种方法允许开发者在页面加载的时候就初始化 audio 控件；第 2 种方法使用 JavaScript 方法，能让开发者更好地通过各类参数去定制 audio 的属性行为；最后一种方法不大推荐，因为使用的是 data-uri 的方式将音频嵌套入页面中去，但这能减少对服务端的请求。

在 HTML5 中，当前的 audio 标签在不同浏览器下支持的音频格式如表 5-1 所示。

表 5-1　不同浏览器下音频的支持情况

	IE9	FireFox 3.5	Opera 10.5	Chrome 3.0	Safari 3.0
Ogg Vorbis		支持	支持	支持	
MP3	支持			支持	支持
Wav		支持	支持		支持

在实际应用中，audio 标签具备 autoplay、control、loop、preload、src 等属性，如表 5-2 所示。

表 5-2　audio 标签的属性

属性	值	描述
autoplay	autoplay	音频在就绪后立刻播放
controls	controls	向用户显示相应的控件，如播放按钮
loop	loop	循环播放音频
preload	preload	页面加载，并预备播放
src	url	要播放音频的URL

除此之外，audio 元素还有下列属性。

1）error：正常情况下，error 值为 null，但是当出现错误的时候，会返回一个错误状态的对象。

2）networkState：读取当前的网络状态。

3）readyState：返回媒体当前播放位置的状态。

4）playbackRate：读取当前媒体的播放速率。

【例 5-1】 制作一个网页中的音频播放器，在浏览器中显示如图 5-1 所示。

图 5-1　音频播放器界面

代码如下：

1）创建一个最简单的 HTML5 程序。

```
<!DOCTYPE html>
<html>
<head lang="en">
    <meta charset="UTF-8">
    <title>播放音频</title>
</head>
<body>
</body>
</html>
```

2）通过页面嵌套的方法加入<audio>标签，嵌套在上例代码中的<body></body>中，然后对将要播放的音频文件定义路径。

```
<!DOCTYPE html>
<html>
<head lang="en">
    <meta charset="UTF-8">
    <title>播放音频</title>
</head>
<body>
    <audio src="res/1.mp3" controls="controls">您的浏览器不支持</audio>
</body>
</html>
```

该例使用 src 定义了音频文件的路径，通过 controls 来调用自带的控制面板，在控制面板上可以单击“播放/暂停”、拖动时间滑块、音量的控制等一系列的简单操作。如果浏览器对 HTML5 的<audio>标签不支持，在该段代码中也加入了“您的浏览器不支持”来进行描述。

5.2.2 自定义音频标签

如果开发者不想使用自带的控制面板，也可以自己编写相应代码自行定义播放界面。

【例 5-2】 制作音频播放的自定义面板，在浏览器中显示如图 5-2 所示。

播放/暂停

图 5-2　自定义播放面板

代码如下：

```
<!DOCTYPE html>
<html>
<head lang="en">
    <meta charset="UTF-8">
    <title>播放音频</title>
</head>
<body>
<button onclick="clickA()">播放/暂停</botton>
<audio id="audio" src="res/1.mp3" >您的浏览器不支持</audio>
<script>
    Var a = document.getElementById("audio");
    function clickA(){
      if(a.paused){
          a.play()
    }else{
          a.pause();
    }
}
</script>
</body>
</html>
```

通过以上程序可以看到，在 audio 标签中去掉了 control 属性，在 body 中加入了 button 按钮，并给其指定 onclick 事件 clickA()，然后通过 JavaScript 代码控制播放和暂停。语句 a.play()表示播放，a.pause()表示停止。当运行该段代码时，浏览者可以通过单击按钮来实现对音频的控制。

5.2.3 音频标签的预加载

在实际的开发中，为了提高页面的加载速度，可以使用音频的预先加载方式，HTML5 中的 audio 标签提供了 preload 属性，常见语法如下：

```
<audio preload="load"/>
```

在属性值“load”有以下 3 种值可供选择。

“none”：这个选项的值告诉服务端用户不需要对音频进行预先加载，只有当用户确认打开这些音频收听时，才通过网络进行加载，这样做的好处是可以减少网络流量。

“metadata”：这个选项的值将告诉服务端，用户不想马上加载音频，但需要预先获得音频的元数据信息（比如文件的大小、时长等）。如果开发者是在设计音频播放器或者需要获得音频的信息而不需要马上播放视频，则可以使用这个选项。

“auto”：这个选项的值告诉服务端，用户需要马上加载音频并进行流式播放。

要注意的是，如果在使用 audio 标签时中当设置音频的 src 值的时候，默认采用的设置值是将 preload 的加载属性设置为 auto，因此如果需要另外设置加载的属性值，需要在设置 src 前进行设置。

在具体的实现中，一般通过 JavaScript 脚本来完成判断事件的触发条件。

【例 5-3】 制作网页中的监听效果，在浏览器中的显示如图 5-3 所示。

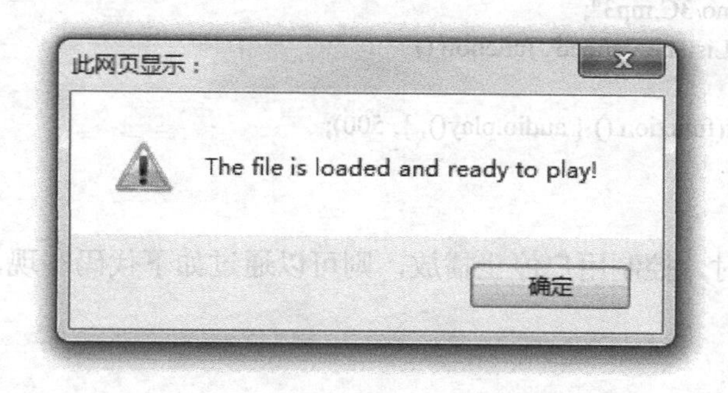

图 5-3 canplaythrough 事件中的监听

代码如下：

```
<!DOCTYPE html >
<html lang="en">
<head>
    <title>Preload Ready</title>
    <script type="text/javascript">
        var audio = document.createElement("audio");
        audio.src = "res/1.mp3";
        audio.addEventListener("canplaythrough", function () {
            alert('The file is loaded and ready to play!');
        }, false);
    </script>
</head>
<body>
</body>
</html>
```

该例通过监听“canplaythrough”事件来判断浏览器是否下载完音频并具备播放条件。

5.2.4 音频的自动播放

当要在网页中自动播放一段音频文件时，用户可以在<audio>中使用 autoplay 属性，常见语法如下：

```
<audio src="audio/sample.mp3"   autoplay=" autoplay "></audio>
```

5.2.5 音频的循环播放

当要循环播放一段音频时，可以在<audio>中使用 loops 属性，让音频一直播放，常见语法如下：

```
<audio src="audio/sample.mp3"   autoplay loop></audio>
```

也有另外一种方法，可以在程序中控制循环播放，就是在当某段音频播放结束时，等待一些时间，然后再重新播放，代码如下：

```
var audio = document.createElement("audio");
audio.src = "piano/3C.mp3";
audio.addEventListener('ended', function ()
{//等待 500ms
    setTimeout(function () { audio.play(); }, 500);
}, false);
audio.play();
```

如果需要在播放时，控制用户停止播放，则可以通过如下代码实现，设置 currentTime=0:

```
currentTime=0:
var audio = null;
audio = document.createElement("audio");
audio.src = "piano/3C.mp3";
audio.addEventListener("ended", function ()
{
    audio.play();
}, false);
function play()
{
    audio.play();
}
function restart()
{
    audio.currentTime = 0;
    audio.play();
}
```

视频属性

5.3 视频标签的具体应用

随着网络带宽和硬件设备的不断更新，网络用户提出了更高的用户体验，HTML5 在音频应用的基础上，又引入了视频的应用。在 HTML5 网页制作中通过对视频标记<video>标签的灵活应用，带来了丰富多彩的多媒体页面，日益丰富了用户的视听感受。

5.3.1 视频标签的定义

在 HTML5 中使用标签<video>描述视频文件。基本语法如下：

```
<video src="1.ogg" controls=" controls ">浏览器不支持该标签</video>
```

值得注意的是：当前<video>元素支持以下 3 种视频格式。

1）Ogg 格式：带有 Theora 视频编码和 Vorbis 音频编码的文件。

2）MPEG4 格式：带有 H.264 视频编码和 ACC 音频编码的文件。

3）WebM 格式：带有 VP8 视频编码和 Vorbis 音频编码的文件。

5.3.2 浏览器对视频 video 标签的支持

目前市面上可用的浏览器非常多，为了判断浏览器是否支持 HTML5 的 video 标签，可以通过书写一段简单的代码来实现。语法如下：

```
<video src="/i/movie.ogg" controls="controls">
 你的浏览器不支持 video 标签
</video>
```

运行该段代码，如果浏览器支持 video 标签就会显示视频，否则显示文字。

除此之外，也可以使用 JavaScript 代码来实现同样的功能。

【例 5-4】 制作浏览器对视频的支持检测，在浏览器中的显示如图 5-4 和图 5-5 所示。

检测

图 5-4　检测前

非常棒！你的浏览器支持HTML5 video标签！

图 5-5　检测结果

代码如下：

```
<script>
 function checkVideo(){
 if(!!document.createElement("video").canPlayType) {
var vidTest=document.createElement("video");
oggTest=vidTest.canPlayType('video/ogg; codecs="theora, vorbis"');
if (!oggTest) {
  h264Test=vidTest.canPlayType('video/mp4; codecs="avc1.42E01E, mp4a.40.2"');
  if (!h264Test) {
    document.getElementById("checkVideoResult").innerHTML="抱歉你的浏览器不支持 HTML5
video 标签！." }
  else { if (h264Test=="probably") {
      document.getElementById("checkVideoResult").innerHTML=" 非 常 棒 ！ 你 的 浏 览 器 支 持
HTML5 video 标签！";}
    else { document.getElementById("checkVideoResult").innerHTML="Meh.Somesupport.";
      } } }
else { if (oggTest=="probably") {
    document.getElementById("checkVideoResult").innerHTML="非常棒！你的浏览器支持 HTML5
video 标签！"; }
  else { document.getElementById("checkVideoResult").innerHTML="Meh. Some support.";
    } } }
else { document.getElementById("checkVideoResult").innerHTML="Sorry. No video support."
  }}
</script>
```

该例使用 JavaScript 代码来判断浏览器对 viedo 的支持。在 HTML5 代码中加入：<div id= "checkVideoResult"><button onclick="checkVideo()">检测</button></div>，即可检测浏览器对<video>标签的支持情况。

当前各浏览器对 HTML5<video>标签的支持情况如表 5-3 所示。

表 5-3　各浏览器对 video 标签的支持情况

FireFox	Chrome	Safari	IE11	IE10	IE9	IE8	IE7
支持	支持	支持	支持	支持	不支持	不支持	不支持

当前，<video>标签支持 3 种视频格式，包括 MP4、WebM、Ogg。在不同浏览器下的支持情况如表 5-4 所示。

表 5-4　视频格式与浏览器支持

浏览器	MP4	WebM	Ogg
IE	支持	不支持	不支持
Chrome	支持	支持	支持
FireFox	支持	支持	支持
Safari	支持	不支持	不支持
Opera	支持	支持	支持

5.3.3　视频标签的应用

在实际应用中，video 标签具备 autoplay、controls、loop、preload、src、height、width 等属性，如表 5-5 所示。

表 5-5　video 标签的属性

属　性	值	描　述
autoplay	autoplay	如果出现该属性，则视频在就绪后马上播放
controls	controls	如果出现该属性，则向用户显示控件，比如播放按钮
helght	pixels	设置视频播放器的高度
loop	loop	如果出现该属性，则当媒介文件完成播放后再次开始播放
preload	Preload	如果出现该属性，则视频在页面加载时进行加载，并预备播放。 如果使用“autoplay”，则忽略该属性
src	url	要播放的视频的 URL
wldth	pixels	设置视频播放器的宽度

【例 5-5】 制作一个简单的 HTML5 视频程序，在浏览器中的显示如图 5-6 所示。

图 5-6　视频播放器界面

代码如下：

```
<!DOCTYPE html>
<html>
<head lang="en">
    <meta charset="UTF-8">
    <title>播放视频</title>
</head>
<body>
</body>
</html>
```

以上程序创建后，通过页面嵌套的方法加入 video 标签，嵌套在上例代码中的<body></body>中，然后对将要播放的视频文件定义路径。

```
<!DOCTYPE html>
<html>
<head lang="en">
    <meta charset="UTF-8">
    <title>播放视频</title>
</head>
<body>
   <video width="420" style="margin-top:15px;" controls="controls">
     <source src="res/1.mp4" type="video/mp4" />
    你的浏览器不支持 html5 的 video 标签
   </video>
</body>
</html>
```

在该例中，通过 src 定义视频文件的路径，通过 controls 调用自带的控制面板，在控制面板上，可以“播放/暂停”、拖动时间滑块、音量的控制等一系列的简单操作。如果浏览器对 HTML5 的<video>标签不支持，程序中加入“您的浏览器不支持”来进行描述。

5.3.4 自定义视频播放面板

如果用户不想使用自带的控制面板，也可以自己编写相应代码。

【例 5-6】 制作用户自定义的视频播放面板，在浏览器中的显示如图 5-7 所示。

图 5-7　自定义视频播放面板

代码如下：

```
<!DOCTYPE html>
<html>
<body>
<div style="text-align:center;">
  <button onclick="playPause()">播放/暂停</button>
  <button onclick="makeBig()">大</button>
  <button onclick="makeNormal()">中</button>
  <button onclick="makeSmall()">小</button>
  <br />
  <video id="video1" width="420" style="margin-top:15px;">
    <source src="res/1.mp4" type="video/mp4" />
    <source src="res/1.ogg" type="video/ogg" />
   你的浏览器不支持 HTML5 的 video 标签
  </video>
</div>
<script type="text/javascript">
    var myVideo=document.getElementById("video1");
    function playPause(){
        if (myVideo.paused)
            myVideo.play();
        else
            myVideo.pause();
    }
    function makeBig(){
        myVideo.width=560;
    }
    function makeSmall(){
        myVideo.width=320;
    }
    function makeNormal(){
        myVideo.width=420;
    }
</script>
</body>
</html>
```

通过以上程序可以看到，在 video 标签中去掉了 controls 属性，在 body 中加入了 botton 按钮，并给其指定 onclick 事件的各种功能，然后通过 JavaScript 代码控制播放和暂停等行为。

5.3.5 video 标签属性

video 标签含有 src、poster、preload、autoplay、loop、controls、width、height 等几个属性，以及一个内部使用的标签<source>。

（1）src 属性和 poster 属性

src 属性是用来指定视频的地址。而 poster 属性用于指定一张图片，在当前视频数据无效时显示（预览图）。视频数据无效可能是视频正在加载、视频地址错误等。

（2）preload 属性

preload 属性用于定义视频是否预加载。属性有 3 个可选择的值：None、Metadata、Auto。如果不使用此属性，默认为 Auto。

● None：不进行预加载。使用此属性值，可能是页面制作者认为用户不期望此视频，或者减少 HTTP 请求。

● Metadata：部分预加载。使用此属性值，代表页面制作者认为用户不期望此视频，但为用户提供一些元数据（包括尺寸、第一帧、曲目列表、持续时间等）。

● Auto：全部预加载。

（3）autoplay 属性

autoplay 属性用于设置视频是否自动播放，是一个布尔属性。当出现时，表示自动播放，去掉是表示不自动播放。

（4）loop 属性

loop 属性用于指定视频是否循环播放，同样是一个布尔属性。

（5）controls 属性

controls 属性用于向浏览器指明页面制作者没有使用脚本生成播放控制器，需要浏览器启用本身的播放控制栏。

控制栏包含播放暂停控制、播放进度控制、音量控制等。每个浏览器默认的播放控制栏在界面上不一样。

（6）width 属性和 height 属性

width 和 height 属性属于标签的通用属性，在通用标签中已经介绍，这里就不再赘述。

（7）source 标签

source 标签用于给媒体（因为 audio 标签同样可以包含此标签，所以此处用媒体，而不是视频）指定多个可选择的（浏览器最终只能选一个）文件地址，且只能在媒体标签没有使用 src 属性时使用。

浏览器按 source 标签的顺序检测标签指定的视频是否能够播放（可能是视频格式不支持、视频不存在等），如果不能播放则换下一个。此方法多用于兼容不同的浏览器。Source 标签本身不代表任何含义，不能单独出现。

此标签包含 src、type、media 3 个属性，含义如下。

● src 属性：用于指定媒体的地址，与 video 标签一样。

● type 属性：用于说明 src 属性指定媒体的类型，帮助浏览器在获取媒体前判断是否支持此类别的媒体格式。

● media 属性：用于说明媒体在何种媒介中使用，不设置时默认值为 all，表示支持所有媒介。

5.4 小结

本章从浏览器支持及媒体格式的支持情况开始，介绍了 audio 标签和 video 标签在浏览器中的应用。通过各种实例，深入浅出地介绍了多媒体元素所涉及的属性、方法及重要事件。通过以上的学习，读者可以熟练掌握音频及视频元素在 HTML5 中的应用，为创建立体的多媒体网页打下扎实的基础。

5.5 实训

1．实训目的

通过本章实训了解 HTML5 音频和视频标签，掌握 HTML5 中使用音频和视频标签制作网页的方式。

2．实训内容

1）使用视频标签做一个完整的视频播放器。包含视频的播放/暂停、音量的调节、窗口的最大化、未单击开始按钮时的欢迎图片以及字幕文件的引入。

程序代码如下：

```
<!DOCTYPE html>
<html>
<head>
<title>视频播放器</title>
<link href="video-js.css" rel="stylesheet" type="text/css">//引入样式表文件
<script src="video.js"></script>//引入 JavaScript 代码
</head>
<body>
<video
id="example"                    //定义 video 标签的 ID 值
class="video-js defaultskin"    //调用样式表中的默认皮肤
preload="none"                  //预加载功能在播放前不加载
width="640"                     //播放窗口宽度为 640 像素
height="300"                    //播放窗口高度为 300 像素
poster="1.jpg"                  //在未播放前显示欢迎图片
data-setup="{}"
src="1.mp4"                     //定义播放的视频文件路径
type='mp4' />                   //定义视频文件的类型
<track kind="captions"   src="2.vtt"   srclang="en"   label="English" />
//定义字幕文件的路径，字幕文件的语言类型
</video>
</body>
</html>
```

其中视频文件的定位也可以通过<source src="1.mp4" type='video/mp4' />这样的写法来让程序结构更清晰。

程序运行效果如图 5-8～图 5-10 所示。

图 5-8　视频播放前的欢迎页面

图 5-9　视频播放过程中字幕的控制按钮

图 5-10　视频播放时的控制面板

5.6 习题

1. 填空题

（1）HTML5 中可以对音频进行控制的标签是（　　）。

A. embed　　B. video　　C. audio　　D. botton

（2）HTML5 中可以对视频进行控制的标签是（　　）。

A.embed　　B.video　　C. audio　　D. botton

（3）下列哪些不是 HTML5 的 audio 标签支持的音频格式（　　）。

A. MP3　　B. WAV　　C. MP4　　D. Ogg

（4）下列哪些不是 HTML5 的 video 标签支持的视频格式（　　）。

A. MP3　　B. WebM　　C. MP4　　D. Ogg

2. 简答题

（1）简述 audio 的“none”“auto”“metadata”属性异同。

（2）简述 3 种 audio 标签的使用方法。

（3）简述 video 标签的使用方法。

第 6 章　HTML5 画布设计及 SVG 画图

本章要点

- HTML5 Canvas 概述
- HTML5 Canvas 的使用方式
- HTML5 SVG 的画图方法

画布简介

6.1　Canvas 画布设计

6.1.1　Canvas 概述

Canvas（画布）是 HTML5 中的一大特色，它是一种全新的 HTML 元素。Canvas（画布）元素最早是由 Apple 在 Safari 中引入，随后 HTML 为了支持客户端的绘图行为也引入了该元素。目前 Canvas 已经成为 HTML 标准中的一个重要的标签，各大浏览器厂商也都支持该标签的使用。使用 Canvas 元素可以在 HTML5 网页中绘制各种形状、处理图像信息、制作动画等。值得注意的是，Canvas 元素只是在网页中创建了图像容器，必须要使用 JavaScript 语言来书写脚本以绘制对应的图形，因此在学习本章前需要对 JavaScript 脚本语言有一定的了解。

6.1.2　Canvas 语法

创建画布语法如下：

```
<canvas id="MyCanvas"   width="100"   height="100"></canvas>
```

在 HTML5 中使用<Canvas>元素来绘制画布，为了能让 JavaScript 引用该元素，一般需要设置 Canvas 的 ID。在 Canvas 中还包含两个基本属性：width 和 height，用来设置画布的宽度和高度。在该例中设置了画布的宽和高都是 100 像素。

【例 6-1】 制作画布实例，在浏览器中的显示如图 6-1 所示。

图 6-1　Canvas 的实例

代码如下：

```
<!DOCTYPE html>
<body>
<canvas id="myCanvas"  width="200"  height="200"  style="border:solid 1px #CCC;">
您的浏览器不支持 Canvas，建议使用最新版的 Chrome
</canvas>
<script>
var c = document.getElementById("myCanvas");
var ctx = c.getContext("2d");          //获取该 Canvas 的 2D 绘图环境对象
ctx.fillRect(10,10,50,50);             //从画布上的(10,10)坐标点为起始点，绘制一个宽高均为 50px
的实心矩形
ctx.strokeRect(70,10,50,50);           //从画布上的(70,10)坐标点为起始点，绘制一个宽高均为 50px
的描边矩形
</script>
</body>
</html>
```

该例画布中绘制了矩形。过程如下：

首先设置画布元素<canvas>，如浏览器不支持，会出现提示语句“您的浏览器不支持 Canvas，建议使用最新版的 Chrome”。

再通过<script>标签来书写画布内容，代码含义如下：

- var c = document.getElementById("myCanvas") 获取网页中画布对象的代码；
- var ctx = c.getContext("2d") 创建 Context 对象，在 JavaScript 可以绘制多种图形。
- ctx.fillRect(10,10,50,50) 绘制实心矩形，fillRect 表示填充，Rect 用于描述矩形，(10,10,50,50)表示坐标点为(10,10)及矩形的宽度值和高度值分别为(50,50)。
- ctx.strokeRect(70,10,50,50) 绘制空心矩形，strokeRect 表示边线，(70,10,50,50)表示矩形坐标点为(70,10)，以及矩形的宽度值和高度值分别为(50,50)。

6.1.3 Canvas 基本设置及实现方式

1. 画布设置原理及基本属性

<canvas>元素本身没有绘图能力，在 HTML 中要使用画布来作图就必须要用到 JavaScript 语言来完成实际的绘图模式。

在 JavaScript 中，getContext("2d")方法返回了一个对象，用于描述在画布上的绘图环境。其中 ContextId 指定了画布上绘制的类型，context 表示图形上下文。当前唯一支持图形上下文参数的是“2d”，它代表二维制图，表示只有获取了 2d 内容的引用才能调用绘图 API。

2. 填充与线条

Canvas 元素绘制图像的时候有两种方法，分别是 context.fill()和 context.stroke()。其中 context.fill()表示填充，而 context.stroke()则表示绘制边框。

值得注意的是，设置 fillStyle 属性可以是 CSS 颜色、渐变或图案，fillStyle 默认值是 #000000（黑色）。

【例 6-2】 制作在画布中填充为红色的矩形，在浏览器中的显示如图 6-2 所示。

图 6-2　矩形的填充

代码如下:

```
<!DOCTYPE html>
<html>
<head>
<meta charset="utf-8">
<title>画布教程</title>
</head>
<body>
<canvas id="myCanvas"  width="200"  height="100"  style="border:1px solid #c3c3c3;">
您的浏览器不支持 HTML5 Canvas 标签。
</canvas>
<script>
var c=document.getElementById("MyCanvas");
var ctx=c.getContext("2d");
ctx.fillStyle="red";    //填充颜色
ctx.fillRect(0,0,80,80);      //填充坐标位置
ctx. fill();
</script>
</body>
</html>
```

该例在画布的左上方绘制了一个填充为红色的矩形。

练一练

用 canvas 绘制一个蓝色填充的矩形。

3. 坐标与路径

Canvas 画布使用二维坐标值来表示平面上的点，坐标设置如图 6-3 所示。

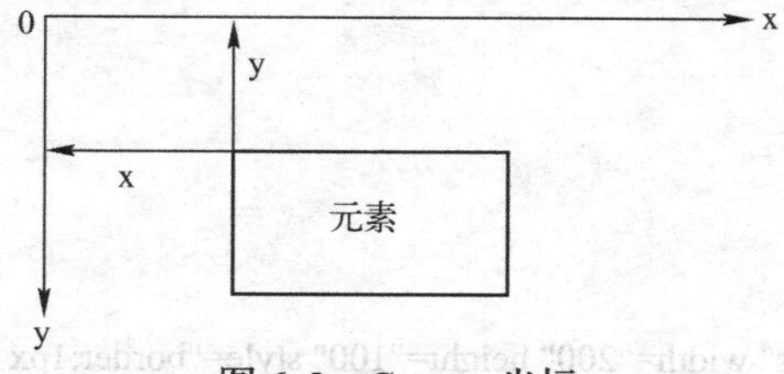

图 6-3　Canvas 坐标

在画布的坐标系中，以左上角(0,0)为起点，所有的元素位置都相对于起点来定位。如在画布中设置元素的坐标为(40,40,80,80)，则表示该元素的坐标值距离左边 40 像素，上边 40

像素。

在 Canvas 的图形绘制中也可以通过绘制直线的方式来完成。在 Canvas 上画线一般使用以下两种方法。

（1）moveTo

moveTo 方法是把鼠标移动到指定坐标点，在绘制直线时以该点作为起点。常见语法如下：

```
moveTo(x,y)
```

定义线条开始坐标，x 表示横坐标，y 表示纵坐标。

（2）lineTo

lineTo 方法是在 moveTo 方法中指定的起点与参数中指定的终点之间绘制一条直线。常见语法如下：

```
lineTo(x,y)
```

定义线条结束坐标，x 表示横坐标，y 表示纵坐标。在完成直线的绘制后，光标会自动移动到 lineTo 方法指定的直线终点。

在默认状态下，第一条路径的起点是坐标中的(0,0)，之后的起点是上一条路径的终点。不断地重复 moveTo 方法与 lineTo 方法可以绘制多条直线。

【例 6-3】 制作画布中的直线，在浏览器中的显示如图 6-4 所示。

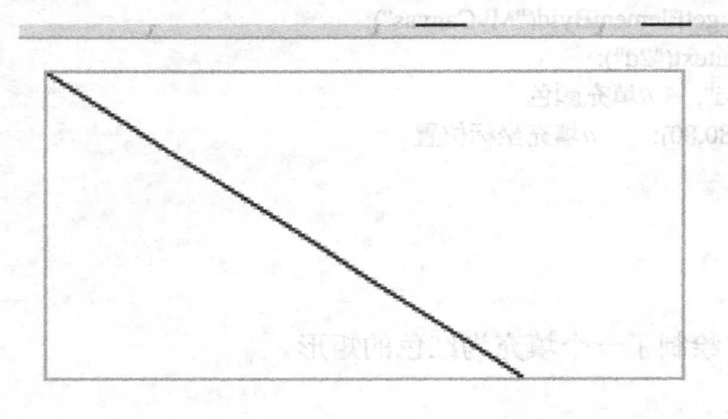

图 6-4　直线的绘制

代码如下：

```
<!DOCTYPE html>
<html>
<head>
<meta charset="utf-8">
<title>画布</title>
</head>
<body>
<canvas id="myCanvas" width="200" height="100" style="border:1px solid #d3d3d3;">
您的浏览器不支持 HTML5 Canvas 标签。</canvas>
<script>
var c=document.getElementById("myCanvas");
 var ctx=c.getContext("2d");
```

```
ctx.moveTo(0,0);
ctx.lineTo(150,100);
ctx.stroke();
</script>
</body>
</html>
```

该例中语句 moveTo(0,0)定义了直线的起点，lineTo(150,100)则为直线的终点位置。

【例 6-4】 制作画布中的多条直线，在浏览器中的显示如图 6-5 所示。

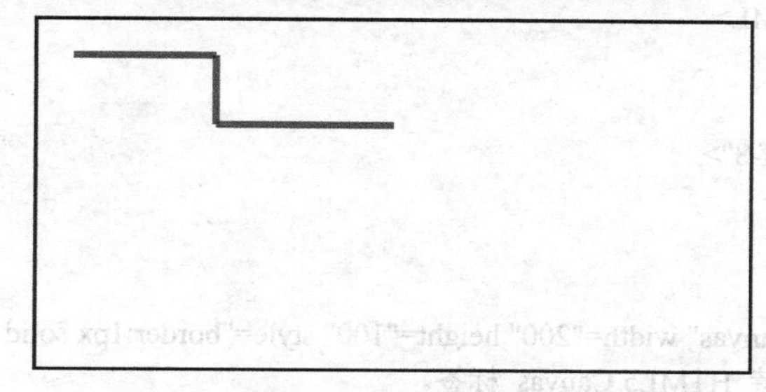

图 6-5　多条直线的绘制

代码如下：

```
<!DOCTYPE html>
<html>
<head>
<meta charset="utf-8">
<title>直线</title>
</head>
<body>
<canvas id="myCanvas" width="200" height="100" style="border:1px solid #000000;">
您的浏览器不支持 HTML5 Canvas 标签。
</canvas>
<script>
var c = document.getElementById("myCanvas");
var ctx = c.getContext("2d");                    //获取该 Canvas 的 2D 绘图环境对象
ctx.beginPath();
ctx.moveTo(10, 10);
ctx.lineTo(50, 10);
ctx.moveTo(50, 10);
ctx.lineTo(50, 30);
ctx.moveTo(50, 30);
ctx.lineTo(100, 30);
ctx.stroke();
ctx.closePath();
</script>
</body>
</html>
```

该例用到了 beginPath()和 closePath()两个方法，beginPath()表示路径的开始；closePath()表示绘制一条从当前点到路径起点的闭合形状。ctx.moveTo(10, 10);ctx.lineTo(50, 10)表示第 1

条线段；ctx.moveTo(50,10);ctx.lineTo(50,30)表示第 2 条线段；ctx.moveTo(50, 30);ctx.lineTo(100, 30)表示第 3 条线段。

练一练

用 Canvas 绘制一个由多条线段组成的形状。

提示：

```
<!DOCTYPE HTML>
<html>
<head>
<meta charset="utf-8">
<title>直线</title>
</head>
<body>
<canvas id="myCanvas" width="200" height="100" style="border:1px solid #000000;">
您的浏览器不支持 HTML5 Canvas 标签。
</canvas>
<script>
var c=document.getElementById("myCanvas");
var cxt=c.getContext("2d");
cxt.moveTo(10,10);
cxt.lineTo(150,70);
cxt.lineTo(10,50);
cxt.stroke();
</script>
</body>
</html>
```

4. Canvas 绘制圆及圆弧

在 HTML5 中，绘制圆及圆弧常见语法如下：

```
arc(x, y, radius, startRad, endRad, anticlockwise)
```

arc 用于绘制一个以（x，y）为圆心，radius 为半径，startRad 为起始弧度，endRad 为结束弧度的圆弧。在这里以 anticlockwise 来表示该圆弧是顺时针还是逆时针，如果为 true 表示为逆时针，false 则表示为顺时针。

如图 6-6 所示为圆弧的参数。

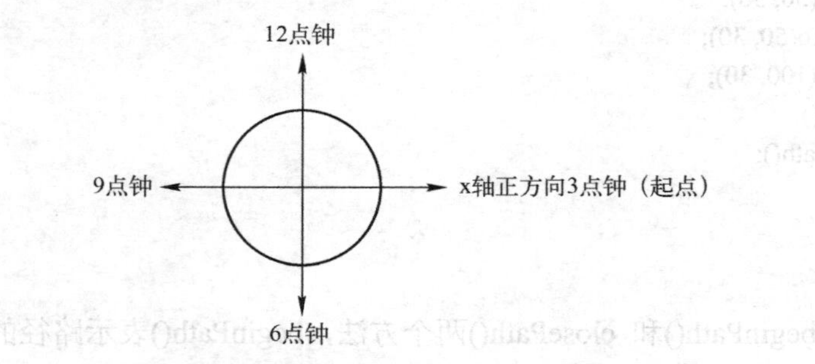

图 6-6 圆弧的参数

在绘制圆弧时，一个半径为 r 的圆的周长为 $2\pi r$，也就是说，一个完整的圆，其所对应的弧度为 2π，即 360°。

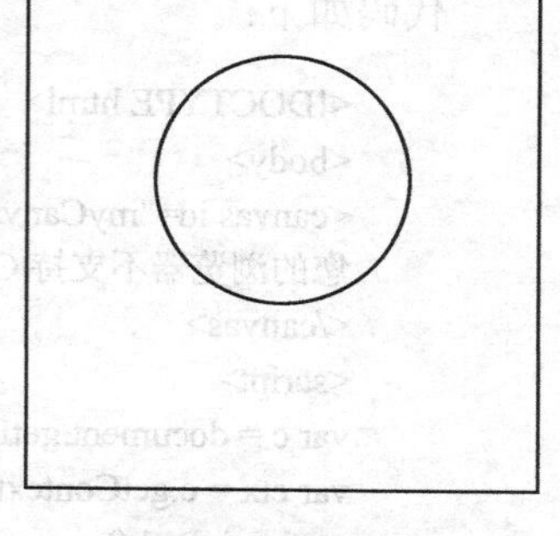

图 6-7　圆的绘制

（1）绘制一个圆

【例 6-5】 制作画布中的圆，在浏览器中的显示如图 6-7 所示：

代码如下：

```
<!DOCTYPE html>
<body>
<canvas id="myCanvas" width="200" height="200" style= "border:
solid 1px red;">
您的浏览器不支持 Canvas，建议使用最新版的 Chrome。
</canvas>
<script>
var c = document.getElementById("myCanvas");//找到画布
var ctx = c.getContext("2d"); //获取该 canvas 的 2D 绘图环境对象
ctx.beginPath();
ctx.arc(100,75,50,0,2*Math.PI);
ctx.stroke();
</script>
</body>
</html>
```

语句 arc(100,75,50,0,2*Math.PI)表示该圆弧以（100,75）为圆心，50 为半径，2*Math.PI 表示为 2π 即 360°。在该例的代码中，使用了 JavaScript 中表示 π 的常量 Math.PI。如书写 Math.PI 即显示一个半圆。

（2）绘制多个圆及圆弧

使用 Canvas 绘制曲线的方法也可以同时绘制多个圆及圆弧。绘制圆弧常见语法如下：

```
arc(100,100,70,0,P*Math.PI);
```

其中参数 0<P<2。

【例 6-6】 制作画布中的多个圆及圆弧，在浏览器中的显示如图 6-8 所示。

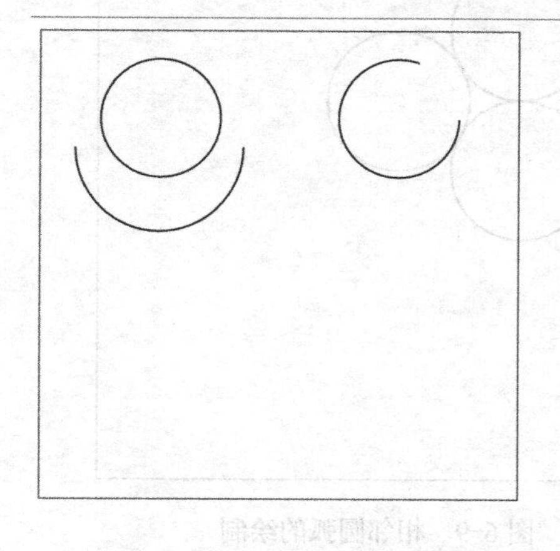

图 6-8　多个圆及圆弧的绘制

代码如下：

```
<!DOCTYPE html>
<body>
<canvas id="myCanvas" width="400" height="400" style="border:solid 1px red;">
您的浏览器不支持 Canvas，建议使用最新版的 Chrome。
</canvas>
<script>
var c = document.getElementById("myCanvas");//找到画布
var ctx = c.getContext("2d"); //获取该 canvas 的 2D 绘图环境对象
ctx.beginPath();
ctx.arc(100,75,50,0,2*Math.PI);
ctx.stroke();
ctx.beginPath();
ctx.arc(100,100,70,0,1*Math.PI);
ctx.stroke();
ctx.beginPath();
ctx.arc(300,75,50,0,1.6*Math.PI);
ctx.stroke();
</script>
</body>
</html>
```

该例画了 3 个圆弧，“ctx.beginPath();ctx.arc(100,75,50,0,2*Math.PI);ctx.stroke();”描述了一个完整的圆；“ctx.beginPath();ctx.arc(100,100,70,0,1*Math.PI);ctx.stroke();”描述了一个半圆；“ctx.beginPath();ctx.arc(300,75,50,0,1.6*Math.PI);ctx.stroke();”描述了另外一段圆弧，语句 1.6*Math.PI 设置了该段圆弧的弧长大小。

练一练

使用 Canvas 画布绘制 3 个相邻的圆，如图 6-9 所示。

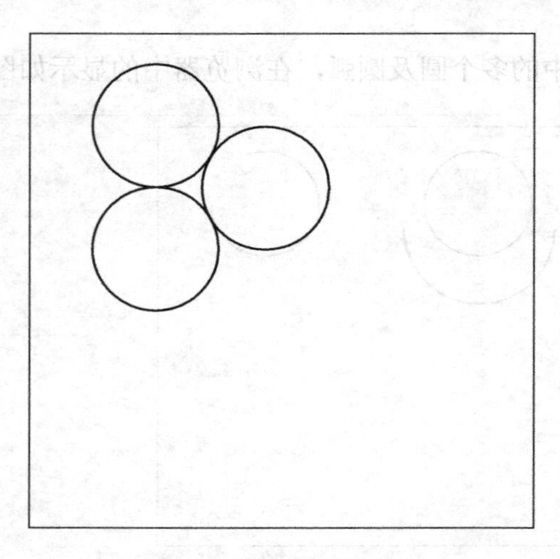

图 6-9　相邻圆弧的绘制

提示：

```
<!DOCTYPE html>
<body>
<canvas id="myCanvas" width="400" height="400" style="border:solid 1px red;">
您的浏览器不支持 Canvas，建议使用最新版的 Chrome
</canvas>
<script>
var c = document.getElementById("myCanvas");//找到画布
var ctx = c.getContext("2d"); //获取该 canvas 的 2D 绘图环境对象
ctx.beginPath();
ctx.arc(100,75,50,0,2*Math.PI);
ctx.stroke();
ctx.beginPath();
ctx.arc(100,175,50,0,2*Math.PI);
ctx.stroke();
ctx.beginPath();
ctx.arc(188,125,50,0,2*Math.PI);
ctx.stroke();
</script>
</body>
</html>
```

该例需要计算 3 个圆的圆心位置。

练一练

直线和圆弧的综合绘图，如图 6-10 所示。

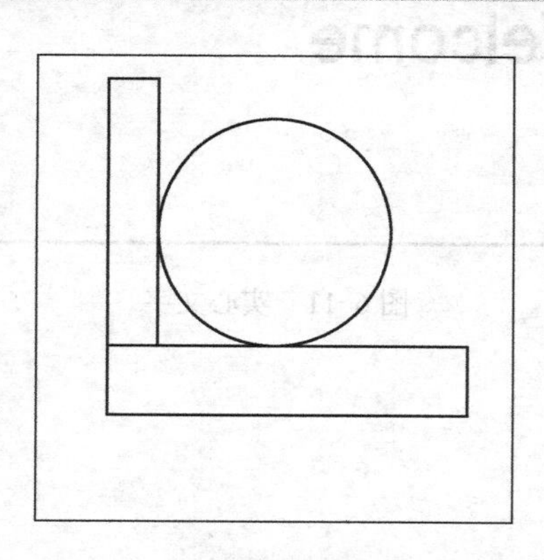

图 6-10 直线和圆弧的综合绘图

提示：

```
<!DOCTYPE html>
<body>
<canvas id="myCanvas" width="200" height="200" style="border:solid 1px red;">
您的浏览器不支持 Canvas，建议使用最新版的 Chrome
</canvas>
```

```
<script>
var c = document.getElementById("myCanvas");//找到画布
var ctx = c.getContext("2d"); //获取该 Canvas 的 2D 绘图环境对象
ctx.beginPath();
ctx.arc(100,75,50,0,2*Math.PI);
ctx.stroke();
ctx.strokeRect(30,125,150,30);
ctx.strokeRect(30,10,20,115);
</script>
</body>
</html>
```

5. 绘制文字

使用 Canvas 书写文字效果有两种方法：stroke Text()和 fillText()。其中 stroke Text()表示绘制文字的边框；fillText()表示对文字进行颜色的填充。还可以使用“font”设置文字的字体。

文字设置中的常见属性如下。

- font：设置文字字体。
- textAlign：设置文字水平对齐方式。
- textBaseline：设置文字垂直对齐方式。

（1）绘制实心文字

【例 6-7】 制作画布中的实心文字，在浏览器中的显示如图 6-11 所示。

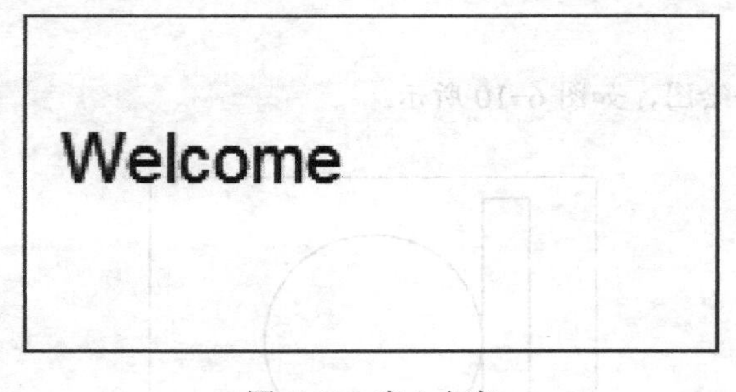

图 6-11　实心文字

代码如下：

```
<!DOCTYPE html>
<html>
<head>
<meta charset="utf-8">
<title>文字</title>
</head>
<body>
<canvas id="myCanvas"  width="200"  height="100"  style="border:1px  solid #d3d3d3;">
您的浏览器不支持 HTML5 Canvas 标签。</canvas>
<script>
var c=document.getElementById("myCanvas");
```

```
var ctx=c.getContext("2d");
ctx.font="20px Arial";
ctx.fillText("Welcome",10,50);
</script>
</body>
</html>
```

该例在画布中显示了一个填充的文字，且文字高度为 20px。语句“ctx.font”表示文字的样式；语句 ctx.fillText 表示在绘画上绘制文本，其中“Welcome”表示文本的内容，“10,50”表示文本的坐标值。

（2）绘制空心文字

【例 6-8】 制作画布中的实心文字与空心文字，在浏览器中的显示如图 6-12 所示。

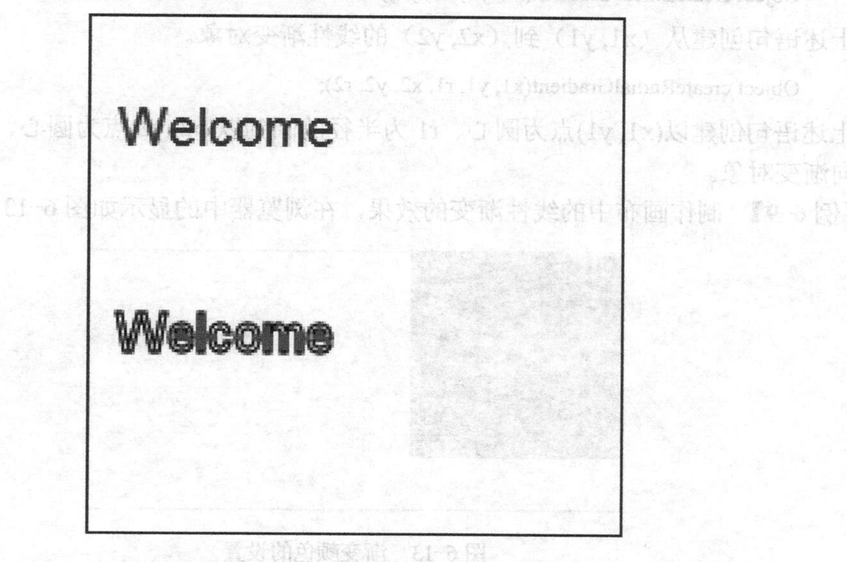

图 6-12　实心文字与空心文字

代码如下：

```
<!DOCTYPE html>
<html>
<head>
<meta charset="utf-8">
<title>文字</title>
</head>
<body>
<canvas id="myCanvas"  width="200"  height="200"  style="border:1px  solid #d3d3d3;">
您的浏览器不支持 HTML5 Canvas 标签。</canvas>
<script>
var c=document.getElementById("myCanvas");
var ctx=c.getContext("2d");
ctx.font="20px Arial";
ctx.fillStyle="#ff0000";
```

```
ctx.fillText("Welcome",10,50);
ctx.strokeText("Welcome",10,130);
</script>
</body>
</html>
```

该例中，ctx.fillStyle="#ff0000"表示将文字填充为红色，ctx.fillText("Welcome",10,50)显示实心文字，ctx.strokeText("Welcome",10,130)显示空心文字。

6. 绘制渐变效果

Canvas 中可以通过 createLinearGradient()和 createRadialGradient()两个方法创建渐变对象，常见语法如下：

```
Object createLinearGradient(x1, y1, x2, y2);
```

上述语句创建从（x1, y1）到（x2, y2）的线性渐变对象。

```
Object createRadialGradient(x1, y1, r1, x2, y2, r2);
```

上述语句创建以(x1, y1)点为圆心、r1 为半径的圆到以(x2, y2)点为圆心、r2 为半径的圆的径向渐变对象。

【例 6-9】 制作画布中的线性渐变的效果，在浏览器中的显示如图 6-13 所示。

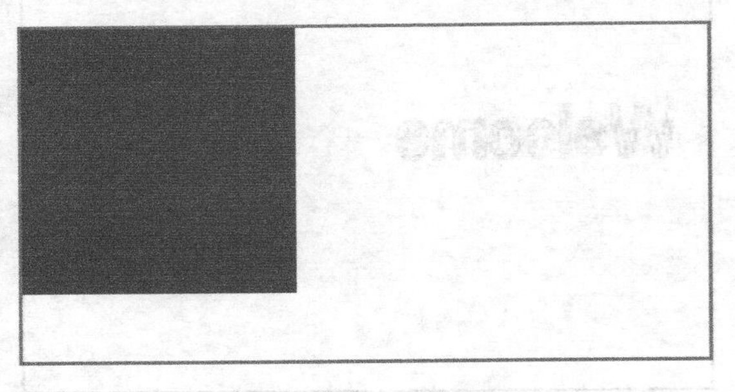

图 6-13　渐变颜色的设置

代码如下：

```
<!DOCTYPE html>
<html>
<head>
<meta charset="utf-8">
<title>渐变</title>
</head>
<body>
<canvas id="myCanvas"  width="200"  height="100"  style="border:1px  solid #c3c3c3;">
您的浏览器不支持  HTML5 Canvas  标签。
</canvas>
<script>
var c=document.getElementById("myCanvas");
var ctx=c.getContext("2d");
ctx.fillStyle="rgba(255,0,0,0.5)";
ctx.fillRect(0,0,80,80);
```

```
</script>
</body>
</html>
```

语句 ctx.fillStyle="rgba(255,0,0,0.5)"表示颜色的线性变化，rgba 分别表示红色（0～255），绿色（0～255），蓝色（0～255）和透明度（0～1）。ctx.fillRect(0,0,80,80)表示矩形的显示大小，数字“0.5”设置了该效果中的透明度。

7. 绘制外部图像

Canvas 除了可以绘制矢量图形外，还可以把现有的图像绘制到画布中，调用 CanvasRenderingContext2D 方法即可实现。具体语法如下：

```
drawImage(mixed image, int x, int y);
```

上述语句根据图像所在位置按照图像原始大小绘制图像。

```
drawImage(mixed image, int x, int y, int width, int height);
```

上述语句根据图像所在位置以 width（宽度）和 height（高度）绘制图像。

【例 6-10】 制作画布中绘制的外部图像，在浏览器中的显示如图 6-14 所示。

图 6-14 画布中的外部图像

代码如下：

```
<!DOCTYPE html>
<html>
<head>
<meta charset="utf-8">
<title>绘图</title>
```

```
</head>
<body>
<canvas id="myCanvas"  width="400"  height="400"  style="border:1px  solid #000000;">
您的浏览器不支持 HTML5 Canvas 标签。
</canvas>
<script type="text/javascript">
//获取 Canvas 对象(画布)
var canvas = document.getElementById("myCanvas");
//检测当前浏览器是否支持 Canvas 对象
if(canvas.getContext){
   //获取对应的 CanvasRenderingContext2D 对象
   var ctx = canvas.getContext("2d");
   //创建新的图片对象
   var img = new Image();
   //指定图片的 URL
   img.src = "timg.jpg";
   //浏览器加载图片完毕后再绘制图片
   img.onload = function(){
       //以 Canvas 画布上的坐标(50,50)为起始点，绘制图像
       //图像的宽度和高度分别缩放到 300px 和 300px
       ctx.drawImage(img, 50, 50, 300, 300);
   };
}
</script>
</body>
</html>
```

练一练

使用 canvas 将一幅图像绘制到画布中。

6.2 SVG 画图

6.2.1 SVG 概述

SVG（可伸缩矢量图形）是用于描述二维矢量图形的一种图形格式，它由万维网联盟制定，是一种基于 XML 语言的开放性标准。因此 SVG 是一种 XML 文件，在互联网上广泛应用于创建和修改图像。目前也比较成熟地应用于智能手机中，支持用户查看高质量的图像和动画。

在实现中，SVG 严格遵循 XML 语法，用文本格式的方式来描述图像信息，作为一个开放的标准，SVG 在互联网中有着极大的市场潜力。

6.2.2 SVG 绘图方式

1. SVG 绘制线条

在 SVG 中，线条是最简单的绘图形状。创建线条常用语法如下：

```
line x1 y1 x2 y2
```

标签 line 用来描述线条，坐标值通常用(x1 y1 x2 y2)表示，其中 x1 和 y1 属性是线条的开始坐标，x2 和 y2 属性是线条的结束坐标。

【例 6-11】 制作 SVG 绘制的一条直线段，在浏览器中的显示如图 6-15 所示。

图 6-15 SVG 绘制线条

代码如下：

```
<!DOCTYPE html>
<html>
<body>
<svg xmlns="http://www.w3.org/2000/svg" version="1.1"
width="100%" height="100%" >
<line x1='0' y1='150' x2='150' y2='150' style='stroke:red;stroke-width:10'/>
</svg>
</body>
</html>
```

在该 HTML 文档中导入了 SVG 元素，声明了 XML 名称空间：xmlns="http://www.w3.org/2000/svg"；声明了版本信息：version="1.1"；描绘了一条直线段，颜色为红色：line x1='0' y1="150" x2='150' y2='150' style='stroke:red;stroke-width:10。

该线条的第一个点坐标为（0，150），第二个点坐标为（150，150）。

2. SVG 绘制折线

在 SVG 中，绘制折线常用语法如下：

```
polyline points=x1,y1 x2 ,y2 x3 ,y3 x4,y4
```

标签 polyline 用来描述折线，points 代表该折线上的各个点坐标。

【例 6-12】 制作 SVG 中绘制的一条折线，在浏览器中的显示如图 6-16 所示。

图 6-16 SVG 绘制折线

代码如下：

```
<!DOCTYPE html>
<html>
<body>
<svg xmlns="http://www.w3.org/2000/svg" width="100%" height="100%" version="1.1">
<polyline points="0,40 40,40 0,80 40,80" style="fill:white;stroke:red;stroke-width:4"/>
</svg>
  </body>
</html>
```

该例中，“0,40”代表第一个点坐标，“40,40”代表第二个点坐标，“0,80”代表第三个点坐标，“40,80”代表第四个点坐标。以 0,40 40,40 表示第一条线段，40,40 0,80 表示第二条线段，0,80 40,80 表示第三条线段，最后依次连接各点即得到折线。style="fill:white;stroke:

red;stroke-width:4 表示该折线段为红色。

3. SVG 绘制矩形

SVG 绘制矩形也可用标签 polyline 来描述。

【例 6-13】 制作 SVG 中绘制的矩形，在浏览器中的显示如图 6-17 所示。

代码如下：

```
<!DOCTYPE html>
<html>
<body>
<svg xmlns="http://www.w3.org/2000/svg"
    width="100%"  height="100%"  version="1.1">
<polyline points="0,40 40,40 40,80 0,80 0,40"
    style="fill:blue;stroke:red;stroke-width:4"/>
</svg>
</body>
</html>
```

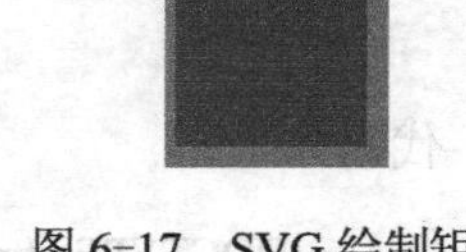

图 6-17　SVG 绘制矩形

该例中，第一个点坐标（0,40），第二个点坐标（40,40），第三个点坐标（40,80），第四个点坐标（0,80），最后封闭形状（0,40）。fill:blue 表示填充为蓝色，stroke:red 表示边框为红色。

4. SVG 绘制三角形

在 SVG 中，可使用多种方式来绘制三角形。

1）用标签 polyline 来绘制三角形。

【例 6-14】 制作 SVG 中的三角形，在浏览器中的显示如图 6-18 所示。

代码如下：

```
<!DOCTYPE html>
<html>
<body>
<svg xmlns="http://www.w3.org/2000/svg"
    width="100%" height="100%" version="1.1">
<polyline points="0,40 40,80 80,40 0,40"
    style="fill:black;stroke:red;stroke-width:1"/>
</svg>
</body>
</html>
```

图 6-18　polyline 绘制三角形

该例中，语句“0,40 40,80 80,40 0,40”显示了三角形的顶点坐标位置，其中“0,40”表示左上方第一个点，“40,80”表示正下方第二个点，“80,40”表示右上方第三个点，最后将这 3 个点一次连接起来即可表示为一个三角形。

2）用 polygon 标签来绘制三角形描述，该标签创建的形状不少于 3 条边。

【例 6-15】 制作 SVG 中使用 polygon 绘制的三角形，在浏览器中显示如图 6-19 所示。

代码如下：

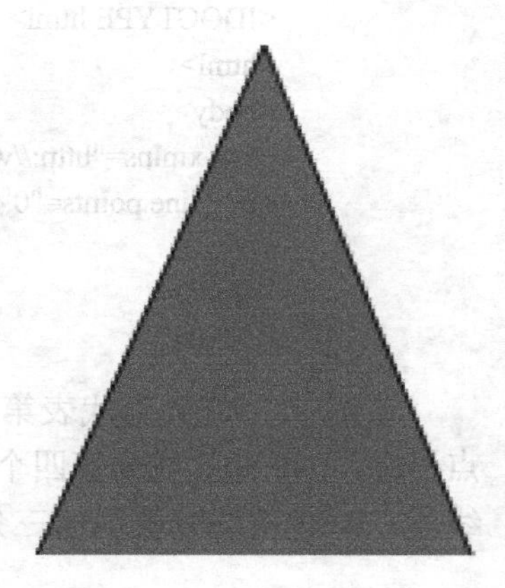

图 6-19　polygon 绘制三角形

```
<!DOCTYPE html>
<html>
<body>
<svg xmlns="http://www.w3.org/2000/svg"  version="1.1">
<polygon points="220,10 300,210 170,250 123,234"
        style="fill:red;stroke:black;stroke-width:1"/>
</svg>
</body>
</html>
```

该例中语句“220,10 300,210 170,250 123,234”创建了各点的坐标值。

5. SVG 绘制多边形

在 SVG 中，绘制多边形也可以用 polyline 标签来实现，该标签可以绘制任意形状的图形。

【例 6-16】 制作 SVG 中的五边形，在浏览器中的显示如图 6-20 所示。

代码如下：

```
<!DOCTYPE html>
<html>
<body>
<svg xmlns="http://www.w3.org/2000/svg"
        width="100%" height="100%" version="1.1">
<polyline points="40,10 90,50 70,80 30,90 20,30 40,10"
        style="fill:white;stroke:red;stroke-width:1"/>
</svg>
</body>
</html>
```

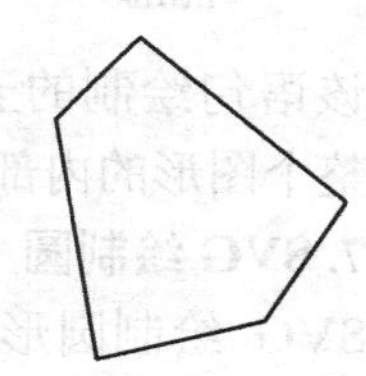

图 6-20　SVG 绘制五边形

该语句中的 points 属性定义每个点角的 x 和 y 坐标。第一个点（40,10），第二个点（90,50），第三个点（70,80），第四个点（30,90），第五个点（20,30），最后封闭图形。

练一练

绘制如图 6-21 所示的形状。

练一练

绘制如图 6-22 所示的形状。

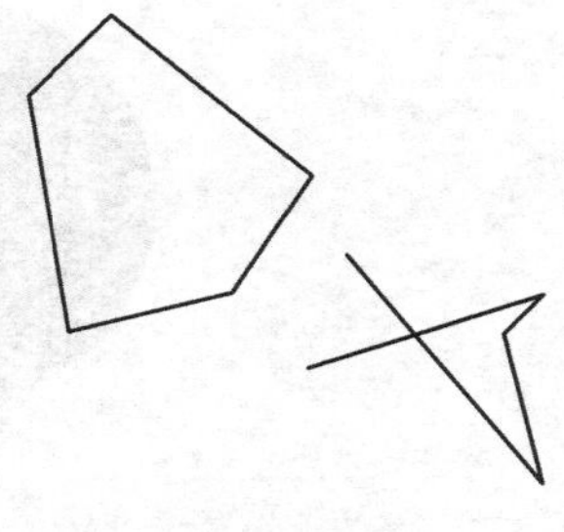

图 6-21　SVG 绘制多边形

图 6-22　SVG 绘制形状

6. SVG 绘制五角星形状

在 SVG 中，常用 polygon 标签绘制五角星。

图 6-23　SVG 绘制五角星

【例 6-17】 制作 SVG 中使用 polygon 标签绘制的一个五角星，在浏览器中的显示如图 6-23 所示。

代码如下：

```
<!DOCTYPE html>
<html>
<body>
<svg xmlns="http://www.w3.org/2000/svg" version="1.1" height="190">
<polygon points="100,10 40,180 190,60 10,60 160,180"
    style="fill:pink;stroke:red;stroke-width:5;fill-rule:evenodd;" />
</svg>
</body>
</html>
```

SVG 绘制圆

该语句绘制的五角星形状用粉红色填充边角的区域，用红色描绘边框。整个图形的内部区域颜色为白色，用语句 fill-rule:evenodd 实现。

7. SVG 绘制圆

SVG 绘制圆形使用 circle 来描述，给出对应的圆点坐标及圆半径即可实现。常见语法如下：

```
circle cx="" cy="" r=""
```

【例 6-18】 制作 SVG 中的圆形，在浏览器中的显示如图 6-24 所示。

代码如下：

```
<!DOCTYPE html>
<html>
  <body>
<svg xmlns="http://www.w3.org/2000/svg" version="1.1">
   <circle cx="40" cy="60" r="40" fill="green"/>
</svg>
  </body>
  </html>
```

图 6-24　SVG 绘制圆

该例中，语句 circle 表示绘制圆，cx="40"和 cy="60"代表圆心坐标，r="40"为半径，fill="green"表示填充颜色。

练一练

使用 SVG 绘制两个圆，如图 6-25 所示。

提示：

```
<!DOCTYPE html>
<html>
<body>
<svg xmlns="http://www.w3.org/2000/svg" version="1.1">
```

图 6-25　SVG 绘制多个圆

```
<circle cx="40" cy="60" r="40" fill="green"/>
<circle cx="60" cy="80" r="40" fill="red"/>
</svg>
</body>
</html>
```

8. 使用 path 标签绘图

在 SVG 中还支持较为复杂的 path 标签绘图方式。使用 path 标签不但能够创建基本形状，还能创建复杂的图形。

path 标签支持的指令有如下几种。

- M = moveto(M X,Y)：将画笔移动到指定的坐标位置；
- L = lineto(L X,Y)：画直线到指定的坐标位置；
- H = horizontal lineto(H X)：画水平线到指定的 X 坐标位置；
- V = vertical lineto(V Y)：画垂直线到指定的 Y 坐标位置；
- C = curveto(C X1,Y1,X2,Y2,ENDX,ENDY)：三次贝赛曲线；
- S = smooth curveto(S X2,Y2,ENDX,ENDY)；
- Q = quadratic Belzier curve(Q X,Y,ENDX,ENDY)：二次贝赛曲线；
- T = smooth quadratic Belzier curveto(T ENDX,ENDY)：映射；
- A = elliptical Arc(A RX,RY,XROTATION,FLAG1,FLAG2,X,Y)：弧线；
- Z = closepath()：关闭路径。

（1）使用 path 标签绘制直线

【例 6-19】 制作 SVG 中使用 path 标签绘制的三角形，在浏览器中的显示如图 6-26 所示。

代码如下：

```
<!DOCTYPE html>
<html>
<body>
<svg xmlns="http://www.w3.org/2000/svg" version="1.1">
<path d="M200 0 L100 200 L300 200 Z" style="fill:red"/>
</svg>
</body>
</html>
```

图 6-26 使用 path 标签绘制三角形

path 对形状的描述使用属性“d”来实现。其中 M 表示移动，但是不画线。“M200 0”表示移动到（200 0），L 表示直线，Z 表示闭合路径。上述代码含义：将起始点移动到（200,0）处，再画直线到点（100,200），再画直线到点（300,200），最后封闭路径并把该区域填充为红色即实现三角形的绘制。

（2）使用 path 标签绘制曲线

除了绘制直线外，path 还能绘制各种曲线。使用 path 标签绘制贝塞尔曲线的命令包括以下几种。

- Q：二次贝赛尔曲线 x1,y1 x,y
- T：平滑二次贝塞尔曲线 x,y
- C：曲线（curveto） x1,y1 x2,y2 x,y

- S：平滑曲线 x2,y2 x,y

【例 6-20】 制作 SVG 中使用 path 标签绘制的曲线，在浏览器中的显示如图 6-27 所示。

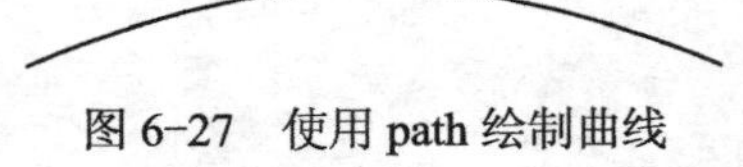

图 6-27 使用 path 绘制曲线

代码如下：

```
<!DOCTYPE html>
<html>
<body>
<svg width="200px" height="200px" version="1.1" xmlns="http://www.w3.org/2000/svg"">
<path d="M10 60 Q 95 20 180 60" stroke="black" fill="transparent" />
</svg>
</body>
</html>
```

曲线的绘制除了使用属性“d”表示外，还要用到二次贝塞尔曲线 Q，确定起点和终点的曲线斜率。其中“95 20”表示控制点坐标，“180 60”表示终点坐标。

练一练

绘制如图 6-28 所示的形状。

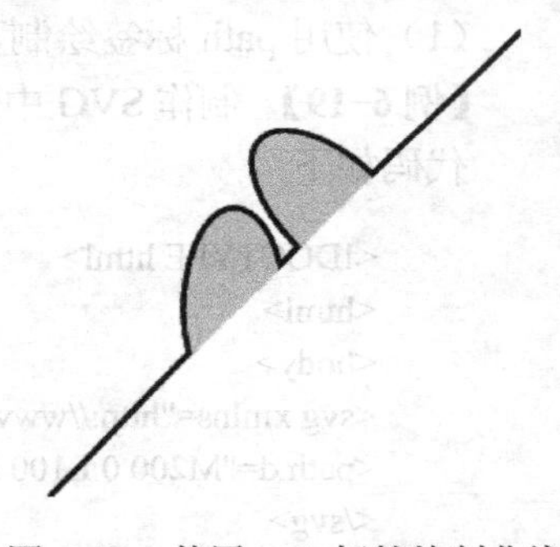

图 6-28 使用 path 标签绘制曲线

提示代码：

```
<!DOCTYPE html>
<html>
<body>
<svg width="300px" height="300px">
<path d="M30 300
L 110 215
A 25 50 0 0 1 162.55 162.45
L 172.55 152.45
A 25 50 -45 0 1 215.1 109.9
L 315 10" stroke="black" fill="pink" stroke-width="3" fill-opacity="0.5"/>
</svg>
</body>
</html>
```

SVG 动画制作

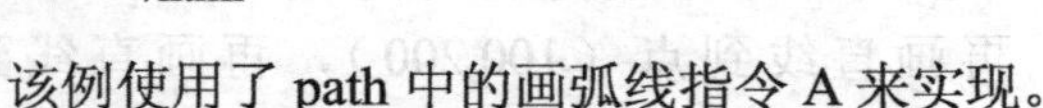

该例使用了 path 中的画弧线指令 A 来实现。

9. SVG 动画制作

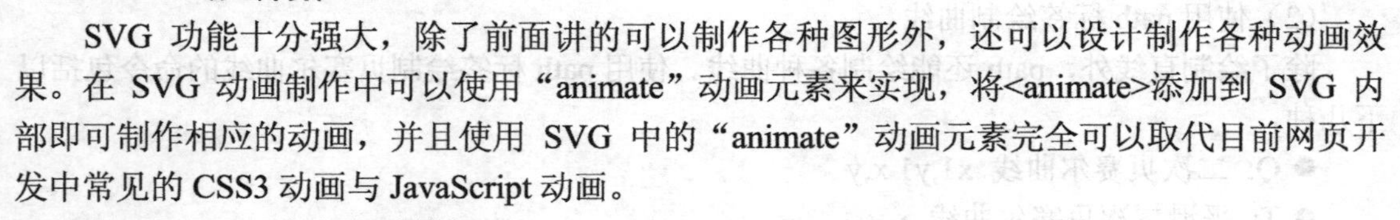

SVG 功能十分强大，除了前面讲的可以制作各种图形外，还可以设计制作各种动画效果。在 SVG 动画制作中可以使用“animate”动画元素来实现，将<animate>添加到 SVG 内部即可制作相应的动画，并且使用 SVG 中的“animate”动画元素完全可以取代目前网页开发中常见的 CSS3 动画与 JavaScript 动画。

（1）animate 移动动画制作

animate 移动动画常见语法如下：

```
<animate attributeName="" from="" to="" dur=""/>
```

其中，attributeName 表示动画的属性名称，from 表示属性的初始值，to 表示属性的结束值，dur 表示动画的持续时间。

【例 6-21】 制作 SVG 中使用 animate 元素制作的移动动画，在浏览器中的显示如图 6-29 所示。

图 6-29 SVG 移动动画

代码如下：

```
<svg xmlns="http://www.w3.org/2000/svg" width="400px" height="200px">
<rect x="0" y="0" width="400" height="200" stroke="black" stroke-width="1" />
<circle cx="0" cy="100" r="30" fill="blue" stroke="black" stroke-width="1">
    <animate attributeName="cx" from="0" to="100" dur="5s" repeatCount="indefinite" />
</circle>
<circle cx="0" cy="100" r="30" fill="red" stroke="black" stroke-width="1">
    <animate attributeName="cx" from="200" to="0" dur="5s" repeatCount="indefinite" />
</circle>
</svg>
```

该例绘制了两个小圆在定义的矩形中移动。其中，语句 rect 定义了一个矩形区域，大小为 400×200 像素，颜色为黑色。语句 circle 定义了一个圆，“cx，cy”分别代表圆的圆心坐标，r 代表圆的半径值，fill 代表圆的填充颜色。语句 animate 描述了一个蓝色的圆从起点 0 到结束点 100 作直线运动，并且持续时间为 5s。第二个语句 circle 定义一个红色的圆从起点 200 到结束点 0 作直线运动，持续时间同样为 5s。

（2）animate 变形动画制作

animate 变形动画常见语法如下：

```
<animateTransform attributeName="transform" begin="0s" dur="3s"   type="scale" from="" to="" />
```

其中，animateTransform 表示 SVG 中的变形动画，attributeName 表示动画的属性名称，begin 表示动画开始时间，dur 动画的持续时间，type 表示动画的类型，from 表示起始值，to 表示结束值。

【例 6-22】 制作 SVG 中使用 animateTransform 制作的变形动画，在浏览器中的显示如图 6-30 所示。

图 6-30 SVG 制作变形动画

代码如下：

```
<svg width="400" height="400" xmlns="http://www.w3.org/2000/svg">
<g>
<circle cx="100" cy="100" r="30" fill="blue" stroke="black" stroke-width="1">
<animateTransform attributeName="transform" begin="0s" dur="3s"   type="scale" from="1" to="2"
   repeatCount="indefinite"/>
</g>
</svg>
```

该例绘制了一个圆由小变大的过程，并且整个变形持续了 3s。语句 repeatCount="indefinite"表示该动画执行次数为无限次。

6.3 小结

Canvas（画布）是一种全新的 HTML5 元素。使用 Canvas 元素可以在 HTML5 网页中绘制各种形状、处理图像信息、制作动画等。

SVG（可伸缩矢量图形）是用于描述二维矢量图形的一种图形格式，它由万维网联盟制定，是一种基于 XML 的语言。因此 SVG 是一种 XML 文件，在互联网上广泛应用于创建和修改图像。

Canvas 与 SVG 的区别在于 Canvas 画布通过调用 JavaScript 来绘制 2D 图形，而 SVG 则使用 XML 语言来描述 2D 图形。从绘制的图形属性上看，Canvas 所绘制的图形为标量图，而 SVG 绘制的图形则为矢量图。

6.4 实训

1. 实训目的

通过本章实训了解 Canvas 及 SVG 网页标签区别，掌握 Canvas 和 SVG 不同标签绘制形状的方式。

2. 实训内容

1）使用 Canvas 绘制图形，如图 6-31 所示。

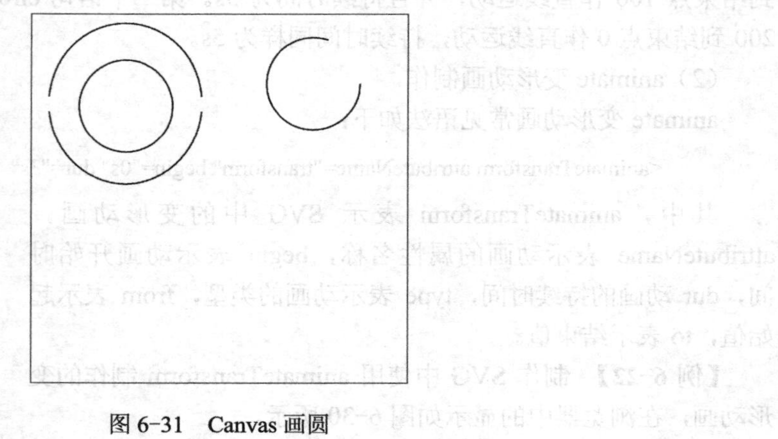

图 6-31 Canvas 画圆

文档代码如下：

```
<!DOCTYPE html>
<body>
<canvas id="myCanvas" width="400" height="400" style="border:solid 1px red;">
您的浏览器不支持 Canvas，建议使用最新版的 Chrome
</canvas>
<script>
var c = document.getElementById("myCanvas");//找到画布
var ctx = c.getContext("2d"); //获取该 Canvas 的 2D 绘图环境对象
ctx.strokeStyle = "green";
ctx.beginPath();
ctx.arc(100,100,50,0,2*Math.PI);
ctx.stroke();
ctx.beginPath();
var circle = {
        x : 100,
        y : 90,
        r : 80
};
ctx.arc(circle.x, circle.y, circle.r, 0,Math.PI *1, true);
ctx.stroke();
ctx.beginPath();
ctx.arc(100,105,80,0,1*Math.PI);
ctx.stroke();
ctx.beginPath();
ctx.arc(300,75,50,0,1.6*Math.PI);
ctx.stroke();
</script>
</body>
</html>
```

2）使用 Canvas 绘制图形，如图 6-32 所示。

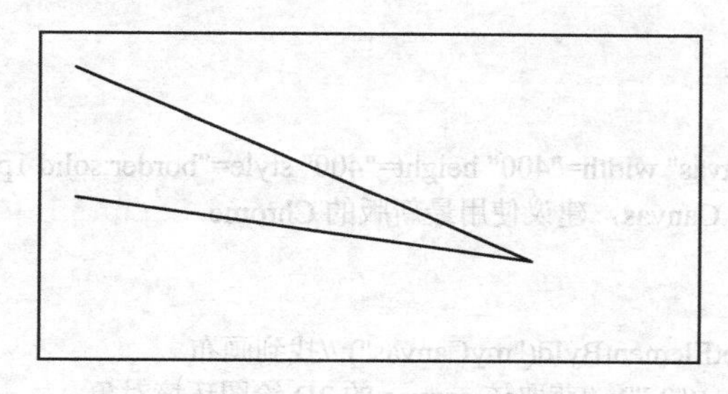

图 6-32　Canvas 画形状

```
<!DOCTYPE HTML>
<html>
<head>
<meta charset="utf-8">
<title>直线</title>
```

```
</head>
<body>
<canvas id="myCanvas" width="200" height="100" style="border:1px solid #000000;">
您的浏览器不支持 HTML5 Canvas 标签。
</canvas>
<script>
var c=document.getElementById("myCanvas");
var cxt=c.getContext("2d");
cxt.moveTo(10,10);
cxt.lineTo(150,70);
cxt.lineTo(10,50);
cxt.stroke();
</script>
</body>
</html>
```

3）使用 Canvas 绘制图形，如图 6-33 所示。

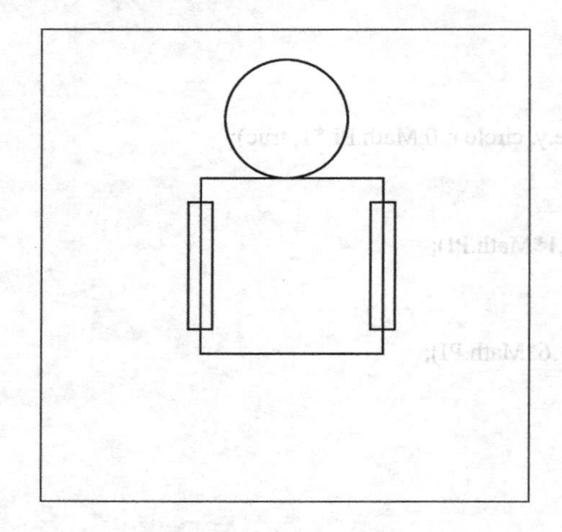

图 6-33　Canvas 画形状

```
<!DOCTYPE html>
<body>
<canvas id="myCanvas" width="400" height="400" style="border:solid 1px red;">
您的浏览器不支持 Canvas，建议使用最新版的 Chrome
</canvas>
<script>
var c = document.getElementById("myCanvas");//找到画布
var ctx = c.getContext("2d"); //获取该 canvas 的 2D 绘图环境对象
ctx.beginPath();
ctx.arc(200,75,50,0,2*Math.PI);
ctx.stroke();
ctx.strokeRect(130,125,150,150);
ctx.strokeRect(120,145,20,110);
ctx.strokeRect(270,145,20,110);
</script>
```

```
</body>
</html>
```

4）使用 SVG 绘制图形，如图 6-34 所示。

```
<!DOCTYPE html>
<html>
<body>
<svg xmlns="http://www.w3.org/2000/svg"
     width="100%" height="100%" version='1.1'>
<polyline points="0,40 40,40 40,80 80,80 80,120 120,120 120,160"
     style="fill:white;stroke:red;stroke-width:4"/>
</svg>
</body>
</html>
```

5）使用 SVG 绘制图形，如图 6-35 所示。

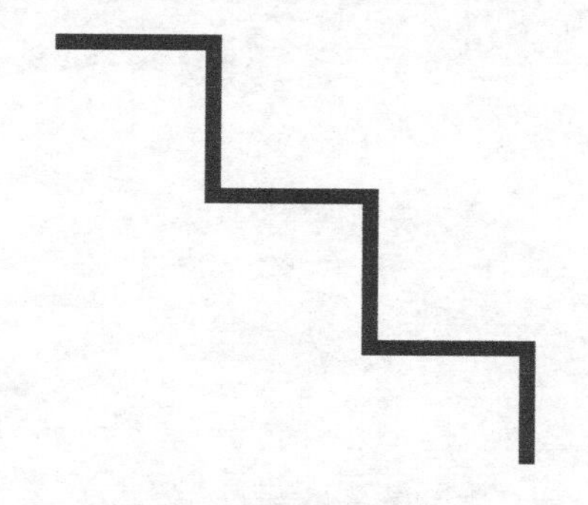

图 6-34　SVG 画形状 1

图 6-35　SVG 画形状 2

```
<!DOCTYPE html>
 <html>
 <body>
 <svg xmlns="http://www.w3.org/2000/svg" version="1.1">
 <circle cx="40" cy="60" r="40" fill="green"/>
 <circle cx="30" cy="50" r="5" fill="red"/>
 <circle cx="50" cy="50" r="5" fill="red"/>
 </svg>
 </body>
 </html>
```

6.5　习题

1．填空题

（1）Canvas 的含义是（　　）。

A. 菜单　　B. Web 画布　　C. 画廊　　D. 画笔

（2）Canvas 使用（　　）脚本来绘图。

A. VB　　B. C　　C. Javascript　　D. Xml

（3）getContext("2d")是指（　　）。

A. 创建对象　　B. 映射对象　　C. 读取对象　　D. 打印对象

（4）fillStyle 是指（　　）。

A. 填充颜色　　B. 无填充　　C. 绘图模式　　D. 打印模式

（5）arc 是用来绘制（　　）。

A. 圆心　　B. 圆弧　　C. 圆半径　　D. 圆周长

（6）polyline 是用来绘制（　　）。

A. 直线　　B. 曲线　　C. 矩形　　D. 圆形

2. 简答题

（1）简述 Canvas 画布的特点。

（2）简述 Canvas 画布绘制圆的方法。

（3）简述 SVG 的特点。

（4）简述 SVG 中 path 标签绘图的参数。

第7章　HTML5 拖放设计

本章要点

- 拖放元素的定义和创建
- Drag 和 drop 的属性
- 拖放的浏览器的支持

7.1　拖放的概念

拖放（Drag 和 drop）是网页元素中一种常见的操作方式，即抓取对象以后将其拖到另一个位置。在 HTML5 出现之前，要实现网页元素的拖放操作，需要依靠 mousedown、mousemove、mouseup 等 API，并通过大量的 JavaScript 代码来实现；HTML5 引入了直接支持拖放操作的 API，大大简化了网页元素的拖放操作编程难度，并且这些 API 除了支持浏览器内部元素的拖放外，同时支持浏览器和其他应用程序之间的数据互相拖动。

在 HTML5 中定义的任何元素都能够拖放。如图 7-1 所示表明了拖放的基本概念。

如图 7-1 所示，当用户开始进行拖放操作时，只需要用鼠标单击左侧的拖放源并把它移动到右侧的目标区域即可实现最简单的拖放。在 HTML5 中要实现这一目标至少要经过以下 4 个步骤：

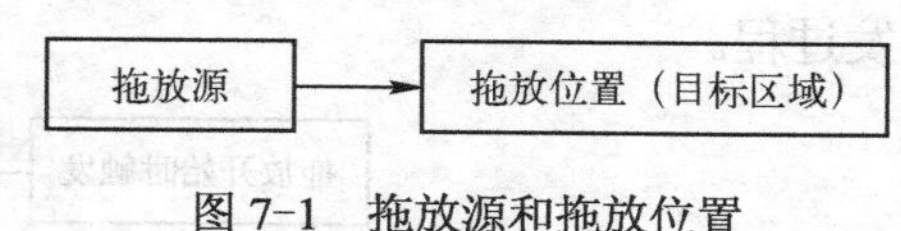

图 7-1　拖放源和拖放位置

1）定义要拖放的元素对象。处理拖放对象要使用 draggable 属性，把元素的 draggable 属性设置为“true”。常见语法如下：

```
<元素 draggable="true"/>
```

其中拖放元素可以是图像或是文本。

2）处理拖放事件。当拖动元素时，通常会触发下列 3 个事件。

① ondragstart 事件：当拖放元素开始被拖放的时候触发的事件，此事件作用在被拖放元素上。

② drag 事件：当触发 ondragstart 事件后就会触发 drag 事件，而且在该元素拖放持续期间会一直触发该事件。

③ ondragend 事件：当拖放完成后触发的事件，此事件作用在被拖放元素上。

3）创建拖放区。当把拖放元素放进拖放区后，会触发下列事件。

① ondragenter 事件：当拖放元素进入目标区域时触发的事件，此事件作用在目标区域上。

② ondragover 事件：当拖放元素在目标区域上移动时触发的事件，此事件作用在目标区域上。

③ ondrop 事件：被拖放的元素在目标区域上同时鼠标放开触发的事件，此事件作用在目标区域上。

4）传递数据。常见事件有下列 3 个。

① DataTransfer 对象：拖放对象用来传递的媒介，使用一般为 Event.dataTransfer。

② Event.preventDefault() 方法：阻止默认的事件方法等执行。在 ondragover 中一定要执行 preventDefault()，否则 ondrop 事件不会被触发。另外，如果是从其他应用软件或是文件中拖东西进来，尤其是图片的时候，默认的动作是显示这个图片或是相关信息，并不是真的执行 drop，此时需要用 document 的 ondragover 事件来执行。

③ Event.effectAllowed 属性：就是拖放的效果。

7.2 拖放元素的定义和创建

7.2.1 拖放元素的定义

在定义一个可拖放的元素时，只需将元素的 draggable 属性设置为 true，让其转换为可拖放的模式即可。

完成一次页面内元素拖放的行为事件过程：dragstart→drop→dragend，具体步骤如下。

1）dragstart：当用户开始拖放元素时执行的操作。

2）drop：用户在拖放过程中执行的操作。

3）dragend：当用户完成对该元素拖放后触发的操作。如图 7-2 所示为拖放事件的触发过程。

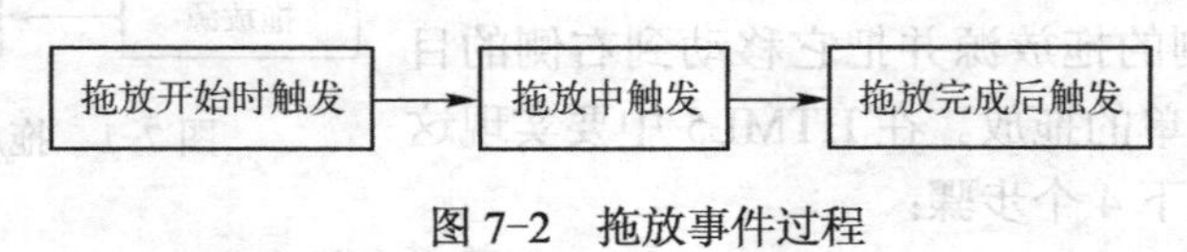

图 7-2　拖放事件过程

7.2.2 拖放的实施

【例 7-1】 制作图片的拖放，在浏览器中的显示如图 7-3、图 7-4 所示。

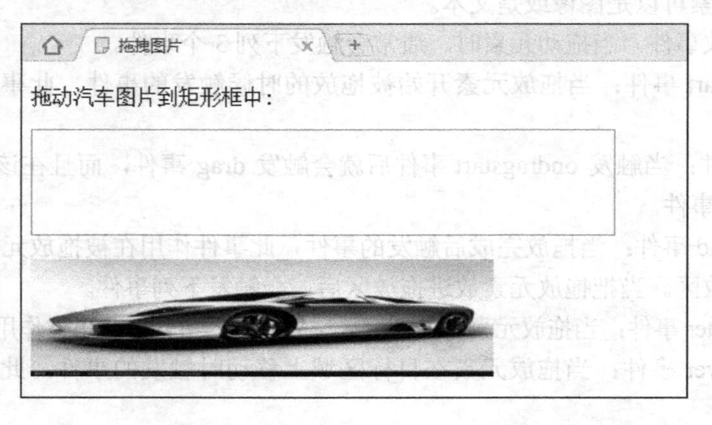

图 7-3　拖放前

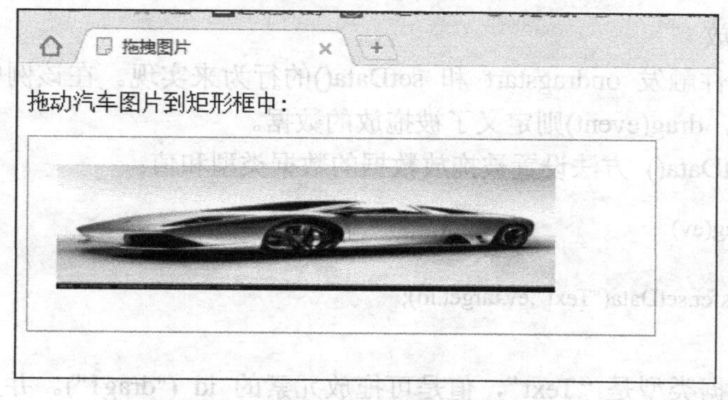

图 7-4　拖放后

代码如下：

```
<!DOCTYPE HTML>
<html>
<head>
<meta charset="utf-8">
<title>拖放实例</title>
<style type="text/css">
#div1 {width:400px;height:100px;padding:20px;border:1px solid #aaaaaa;}
</style>
<script>
function allowDrop(ev)
{
    ev.preventDefault();
}
function drag(ev)
{
    ev.dataTransfer.setData("Text",ev.target.id);
}

function drop(ev)
{
    ev.preventDefault();
    var data=ev.dataTransfer.getData("Text");
    ev.target.appendChild(document.getElementById(data));
}
</script>
</head>
<body>
<p>拖动汽车图片到矩形框中:</p>
<div id="div1"  ondrop="drop(event)"  ondragover="allowDrop(event)"></div>
<br>
<img id="drag1"  src="/images/l.jpg "  draggable="true"  ondragstart="drag(event)"  width="350"  height="90">
</body>
</html>
```

整个过程可分为以下 3 个阶段。

（1）文件的拖放

拖放可通过事件触发 ondragstart 和 setData()的行为来实现。在该例中，ondragstart 属性调用了一个函数，drag(event)则定义了被拖放的数据。

dataTransfer.setData() 方法设置被拖放数据的数据类型和值：

```
function drag(ev)
{
ev.dataTransfer.setData("Text",ev.target.id);
}
```

在该例中，数据类型是“Text”，值是可拖放元素的 id ("drag1")。并且在完成拖放后，通过 ondragover 事件规定在何处放置被拖放的数据。

这要通过调用 ondragover 事件的 event.preventDefault()方法来实现。event.preventDefault()方法的作用是告知浏览器不要执行与事件关联的默认动作。

在该例中，ondrop 属性调用了一个函数，drop(event)：

```
function drop(ev)
{
ev.preventDefault();
var data=ev.dataTransfer.getData("Text");
ev.target.appendChild(document.getElementByIdx_x(data));
}
```

代码解释：

调用 preventDefault()来避免浏览器对数据的默认处理（drop 事件的默认行为是以链接形式打开）。

通过 dataTransfer.getData("Text")方法获得被拖放的数据。该方法将返回在 setData()方法中设置为相同类型的任何数据。

被拖数据是被拖放元素的 id ("drag1")。

把被拖放元素追加到放置元素（目标元素）中。

（2）为拖放对象设置可放置区域

为元素定义可放置的区域，用语句 ondragover="allowDrop(event)"实现。在 div id="div1" 中添加 ondrop="drop(event)"事件，并设置回调函数 allowDrop(event)。

（3）当被拖放元素开始移动后触发 dragstart 事件，用语句 ondragstart="drag(event)实现。

此外该例利用 CSS 设置了可放置对象的矩形框的大小，用语句#div1 {width:400px;height: 100px; padding: 20px;border:1px solid #aaaaaa;}实现。

想一想：在 HTML5 中对图片的拖放有几个步骤？

7.3 图片来回拖放

7.3.1 来回拖放的定义

HTML5 中的拖放还可以实现图片在多个区域中来回拖放。具体操作如下：

1）开始拖放图片；
2）拖到目的地 1 并停止；
3）从目的地 1 拖到目的地 2 并停止；
4）继续拖到图片直到最后一个目的地。

该操作的关键点是要制作多个可放置区域，以便于图片的拖放实现。

7.3.2 来回拖放的创建

【例 7-2】 制作可来回拖放的图片实例，在浏览器中的显示如图 7-5～图 7-7 所示。

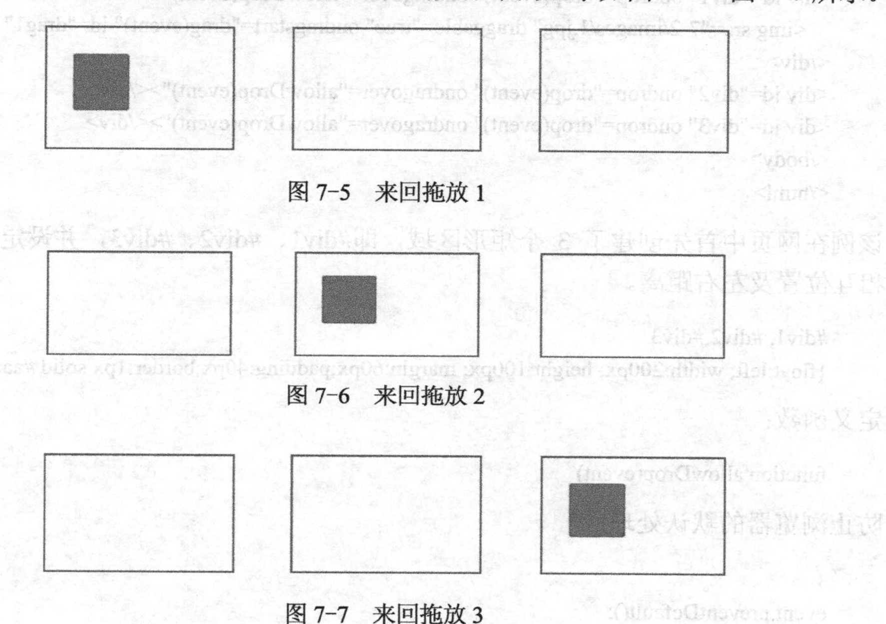

图 7-5 来回拖放 1

图 7-6 来回拖放 2

图 7-7 来回拖放 3

代码如下：

```
<!DOCTYPE HTML>
<html>
<head>
<style type="text/css">
#div1, #div2,#div3
{float:left; width:200px; height:100px; margin:60px;padding:40px;border:1px solid #aaaaaa;}
</style>
<script type="text/javascript">
function allowDrop(event)
{
event.preventDefault();
}
function drag(event)
{
event.dataTransfer.setData("Text",event.target.id);
}
```

```
function drop(event)
{
event.preventDefault();
var data=event.dataTransfer.getData("Text");
event.target.appendChild(document.getElementById(data));
}
</script>
</head>
<body>
<div id="div1" ondrop="drop(event)" ondragover="allowDrop(event)">
   <img src="7-2/images/1.jpg" draggable="true" ondragstart="drag(event)" id="drag1" />
</div>
<div id="div2" ondrop="drop(event)" ondragover="allowDrop(event)"></div>
<div id="div3" ondrop="drop(event)" ondragover="allowDrop(event)"></div>
</body>
</html>
```

该例在网页中首先创建了 3 个矩形区域，即#div1、#div2、#div3，并设定矩形区域的大小、相互位置及左右距离。

```
#div1, #div2,#div3
{float:left; width:200px; height:100px; margin:60px;padding:40px;border:1px solid #aaaaaa;}
```

定义函数：

```
function allowDrop(event)
```

防止浏览器的默认处理：

```
{
event.preventDefault();
}
```

设置被拖放元素的数据格式和值：

```
function drag(event)
{
event.dataTransfer.setData("Text",event.target.id);
}
```

获取数据，并添加成拖放位置的子元素：

```
function drop(event)
{
event.preventDefault();
var data=event.dataTransfer.getData("Text");
event.target.appendChild(document.getElementById(data));
}
```

设置第 1 个矩形区域中的可放置区域，并在拖放对象移动后触发 ondragstart 事件：

```
<div id="div1"  ondrop="drop(event)"  ondragover="allowDrop(event)">
   <img src="7-2/images/1.jpg"  draggable="true"  ondragstart="drag(event)"  id="drag1" />
```

```
</div>
```

设置第 2 个矩形区域中的可放置区域：

```
<div id="div2"  ondrop="drop(event)"  ondragover="allowDrop(event)"></div>
```

设置第 3 个矩形区域中的可放置区域：

```
<div id="div3"  ondrop="drop(event)"  ondragover="allowDrop(event)"></div>
```

想一想：代码 event.preventDefault();含义是什么？

想一想：如果在网页中再加入一个可放置区域 div4，并拖放元素到其中，怎么实现？

提示：新建一个 div，并设置样式如下：

```
#div4
{float:left; width:400px; height:200px; margin:160px;padding:80px;border:1px solid #aaaaaa;}
```

在 body 中加入可放置区域的代码：

```
<div id="div4" ondrop="drop(event)" ondragover="allowDrop(event)"></div>
```

7.4 小结

在 HTML5 中制作图片的拖放十分简单，主要有 3 个步骤：定义拖放事件、定义可放置区域和定义拖放对象开始移动后触发的相关事件就可实现。HTML5 提供专门的拖放 API，在实际应用中可以简化程序编写的难度。但是值得注意的是：拖放的实现需要浏览器的支持。

图 7-8 所示为现主流的浏览器的兼容情况。

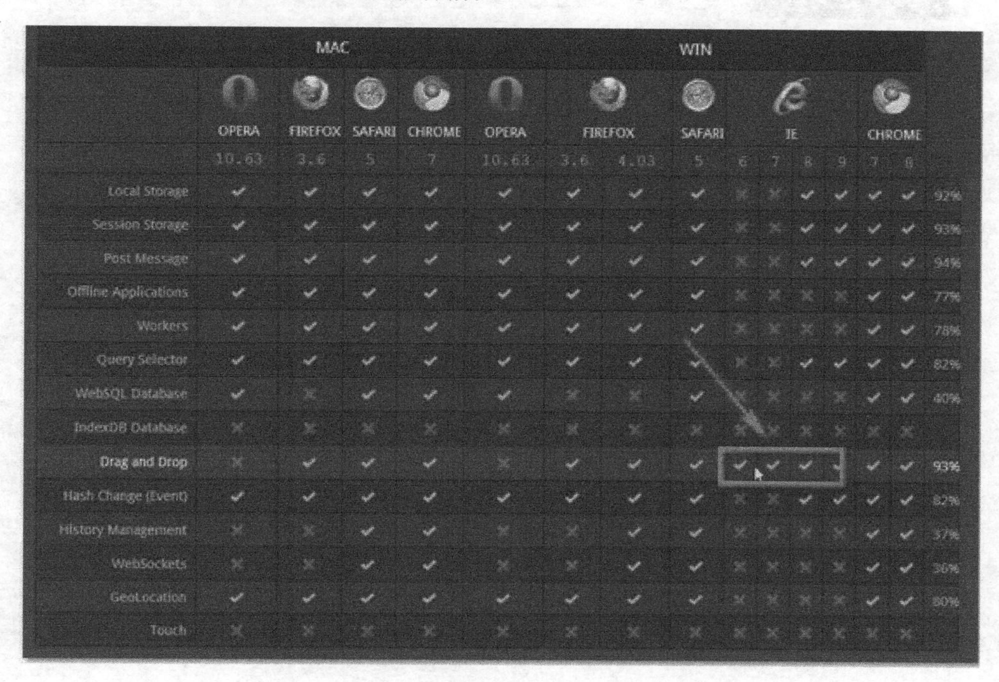

	MAC				WIN											
	OPERA	FIREFOX	SAFARI	CHROME	OPERA	FIREFOX		SAFARI	IE				CHROME		
	10.63	3.6	5	7	10.63	3.6	4.03	5	6	7	8	9	7	8	
Local Storage	✓	✓	✓	✓	✓	✓	✓	✓	✗	✗	✓	✓	✓	✓	92%
Session Storage	✓	✓	✓	✓	✓	✓	✓	✓	✗	✗	✓	✓	✓	✓	93%
Post Message	✓	✓	✓	✓	✓	✓	✓	✓	✗	✗	✓	✓	✓	✓	94%
Offline Applications	✓	✓	✓	✓	✓	✓	✓	✓	✗	✗	✗	✗	✓	✓	77%
Workers	✓	✓	✓	✓	✓	✓	✓	✓	✗	✗	✗	✗	✓	✓	78%
Query Selector	✓	✓	✓	✓	✓	✓	✓	✓	✗	✗	✓	✓	✓	✓	82%
WebSQL Database	✓	✗	✓	✓	✓	✗	✗	✓	✗	✗	✗	✗	✓	✓	40%
IndexDB Database	✗	✗	✗	✗	✗	✗	✗	✗	✗	✗	✗	✗	✗	✗	
Drag and Drop	✗	✓	✓	✓	✗	✓	✓	✓	✓	✓	✓	✓	✓	✓	93%
Hash Change (Event)	✓	✓	✓	✓	✓	✓	✓	✓	✗	✗	✓	✓	✓	✓	82%
History Management	✗	✗	✓	✓	✗	✗	✓	✓	✗	✗	✗	✗	✓	✓	37%
WebSockets	✗	✗	✓	✓	✗	✗	✓	✓	✗	✗	✗	✗	✓	✓	36%
GeoLocation	✓	✓	✓	✓	✓	✓	✓	✓	✗	✗	✗	✗	✓	✓	80%
Touch	✗	✗	✗	✗	✗	✗	✗	✗	✗	✗	✗	✗	✗	✗	

图 7-8　浏览器的兼容情况

7.5 实训

1. 实训目的

通过本章实训了解拖放的概念，掌握 HTML 中拖放的书写方式和运行方式。

2. 实训内容

1）书写一个拖放程序对图片进行重新排序并对拖动图片进行删除。在浏览器中的显示如图 7-9～图 7-12 所示。

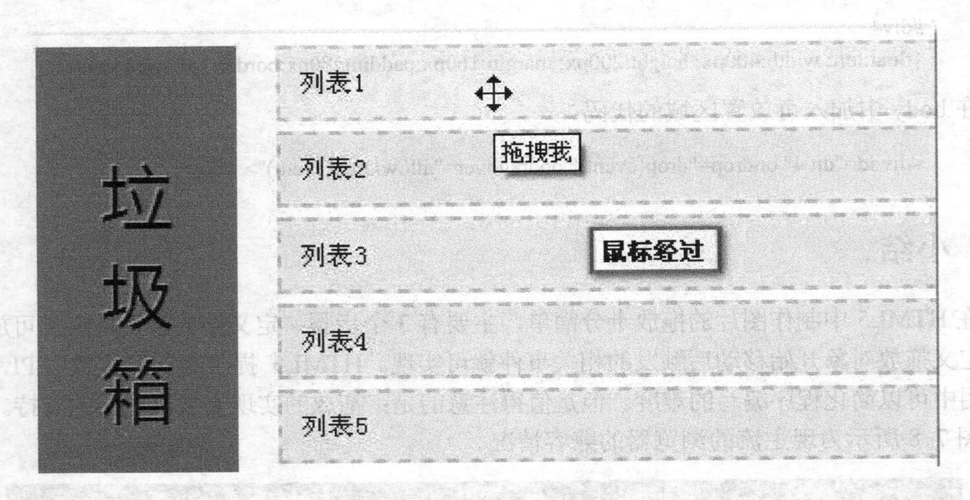

图 7-9 拖放图片并删除 1

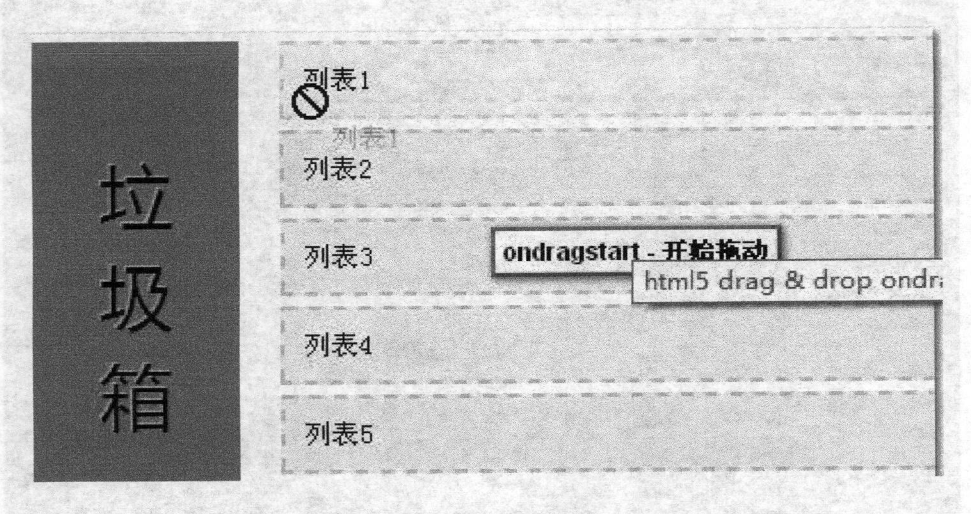

图 7-10 拖放图片并删除 2

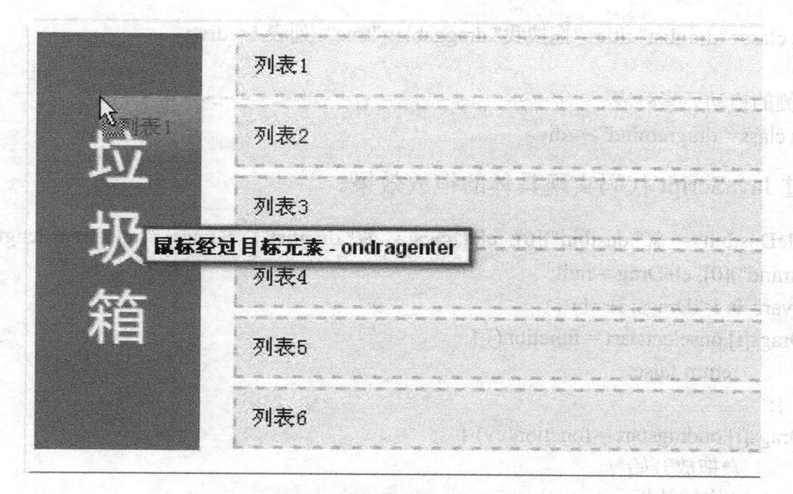

图 7-11　拖放图片并删除 3

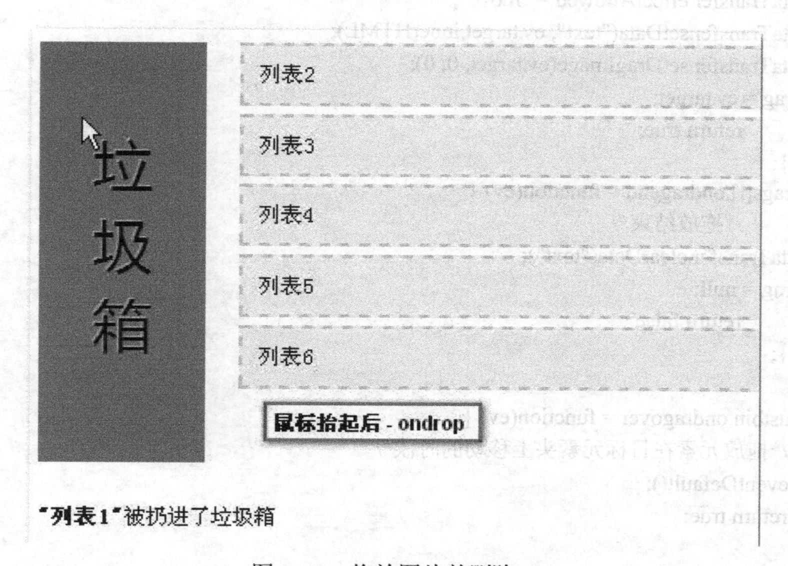

图 7-12　拖放图片并删除 4

此例主要是实现把右侧的列表中的元素拖放到左侧，然后右侧中的拖动元素消失，剩下的元素进行重新排序代码。

首先创建两个 Div：一个垃圾箱和一个拖动元素列表。

HTML 代码如下：

```
<div class="dustbin"><br />垃<br />圾<br />箱</div>
//左侧的垃圾箱
<div class="dragbox">
<div class="draglist" title="拖拽我" draggable="true">列表 1</div>
<div class="draglist" title="拖拽我" draggable="true">列表 2</div>
<div class="draglist" title="拖拽我" draggable="true">列表 3</div>
<div class="draglist" title="拖拽我" draggable="true">列表 4</div>
<div class="draglist" title="拖拽我" draggable="true">列表 5</div>
```

```
<div class="draglist" title="拖拽我" draggable="true">列表 6</div>
</div>
//右侧的拖动元素列表
<div class="dragremind"></div>
```

然后通过 JavaScript 代码实现具体的拖放效果。

```
vareleDustbin = $(".dustbin")[0], eleDrags = $(".draglist"), lDrags = eleDrags.length, eleRemind = $(".dragremind")[0], eleDrag = null;
for (vari=0; i<lDrags; i+=1) {
eleDrags[i].onselectstart = function() {
        return false;
    };
eleDrags[i].ondragstart = function(ev) {
        /*拖放开始*/
        //拖放效果
ev.dataTransfer.effectAllowed = "move";
ev.dataTransfer.setData("text", ev.target.innerHTML);
ev.dataTransfer.setDragImage(ev.target, 0, 0);
eleDrag = ev.target;
        return true;
    };
eleDrags[i].ondragend = function(ev) {
        /*拖放结束*/
ev.dataTransfer.clearData("text");
eleDrag = null;
        return false
    };
}
eleDustbin.ondragover = function(ev) {
    /*拖放元素在目标元素头上移动的时候*/
ev.preventDefault();
    return true;
};
eleDustbin.ondragenter = function(ev) {
    /*拖放元素进入目标元素头上的时候*/
this.style.color = "#ffffff";
    return true;
};
eleDustbin.ondrop = function(ev) {
    /*拖放元素进入目标元素头上，同时鼠标松开的时候*/
    if (eleDrag) {
eleRemind.innerHTML = '<strong>"' + eleDrag.innerHTML + '"</strong>被扔进了垃圾箱';
eleDrag.parentNode.removeChild(eleDrag);
    }
this.style.color = "#000000";
    return false;
};
```

2）对图片进行拖放分组排序，将 12 张图片逐一拖放到 3 个不同的分组中，在浏览器中的显示如图 7-13～图 7-15 所示。

排序前：

图 7-13　图片拖放和排序 1

排序中：

图 7-14　图片拖拽和排序 2

排序完成：

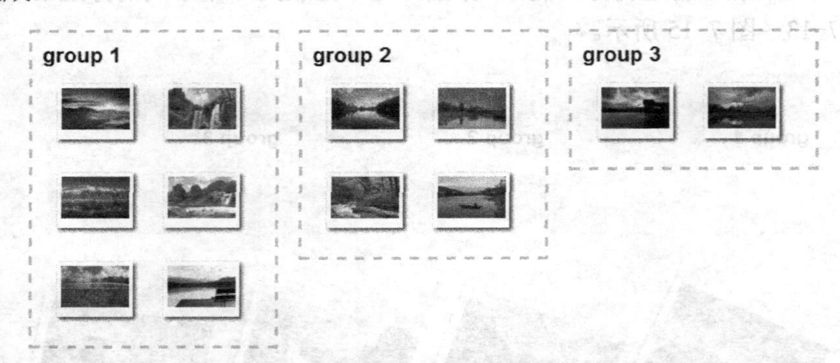

图 7-15　图片拖放和排序 3

代码如下：

```
<!DOCTYPE html>
<html lang="utf-8">
    <head>
        <meta charset="utf-8" />
        <title>HTML5 拖放图片</title>
        <link href="css/main.css" rel="stylesheet" type="text/css" />
    </head>
    <body>
        <div class="albums">
            <div class="album" id="drop_1" droppable="true"><h2>group 1</h2></div>
            <div class="album" id="drop_2" droppable="true"><h2>group 2</h2></div>
            <div class="album" id="drop_3" droppable="true"><h2>group 3</h2></div>
        </div>
        <div style="clear:both"></div>
        <div class="gallery">
            <a id="1" draggable="true"><img src="images/01.jpg"></a>
            <a id="2" draggable="true"><img src="images/02.jpg"></a>
            <a id="3" draggable="true"><img src="images/03.jpg"></a>
            <a id="4" draggable="true"><img src="images/04.jpg"></a>
            <a id="5" draggable="true"><img src="images/05.jpg"></a>
            <a id="6" draggable="true"><img src="images/06.jpg"></a>
            <a id="7" draggable="true"><img src="images/07.jpg"></a>
            <a id="8" draggable="true"><img src="images/08.jpg"></a>
            <a id="9" draggable="true"><img src="images/09.jpg"></a>
            <a id="10" draggable="true"><img src="images/10.jpg"></a>
            <a id="11" draggable="true"><img src="images/11.jpg"></a>
            <a id="12" draggable="true"><img src="images/12.jpg"></a>
        </div>
        <script src="js/main.js"></script>
    </body>
</html>
```

如上程序中，首先创建 3 个相册分组作为相片的拖放区，然后对拖放目标的 12 张相片进行可拖放赋值 draggable="true"，并创建 ID 号。

接着通过以下 CSS 代码来设置页面样式。

最后通过 JavaScript 代码来完成拖放、分组、排序等动作。

```
//添加事件处理程序
var addEvent = (function () {
 if (document.addEventListener) {
  return function (el, type, fn) {
   if (el && el.nodeName || el === window) {
    el.addEventListener(type, fn, false);
   } else if (el && el.length) {
    for (var i = 0; i < el.length; i++) { addEvent(el[i], type, fn);   }}};
 } else {
  return function (el, type, fn) {
   if (el && el.nodeName || el === window) {
    el.attachEvent('on' + type, function () { return fn.call(el, window.event); });
   } else if (el && el.length) {
    for (var i = 0; i < el.length; i++) {
     addEvent(el[i], type, fn);}}};
 }
});
//内部变量
var dragItems;
updateDataTransfer();
var dropAreas = document.querySelectorAll('[droppable=true]');
// 阻止浏览器重定向到文本
function cancel(e) {
 if (e.preventDefault) {
  e.preventDefault();
 }
 return false;
}
//更新事件处理程序
function updateDataTransfer() {
  dragItems = document.querySelectorAll('[draggable=true]');
  for (var i = 0; i < dragItems.length; i++) {
   addEvent(dragItems[i], 'dragstart', function (event) {
     event.dataTransfer.setData('obj_id', this.id);
     return false;  }); }}
// dragover 事件处理程序
addEvent(dropAreas, 'dragover', function (event) {
  if (event.preventDefault) event.preventDefault();
  this.style.borderColor = "#000";
  return false; });
// dragleave 事件处理程序
addEvent(dropAreas, 'dragleave', function (event) {
  if (event.preventDefault) event.preventDefault();
  this.style.borderColor = "#ccc";
  return false;
```

```
});
// dragenter 事件处理程序
addEvent(dropAreas, 'dragenter', cancel);
// drop 事件处理程序
addEvent(dropAreas, 'drop', function (event) {
  if (event.preventDefault) event.preventDefault();
  // 获得 dropped 对象
  var iObj = event.dataTransfer.getData('obj_id');
  var oldObj = document.getElementById(iObj);
   //取得图像来源
  var oldSrc = oldObj.childNodes[0].src;
  oldObj.className += 'hidden';
   var oldThis = this;
  setTimeout(function() {
    oldObj.parentNode.removeChild(oldObj); // remove object from DOM
    //在另一个区域添加图片
    oldThis.innerHTML += '<a id="'+iObj+'" draggable="true"><img src="'+oldSrc+'" /></a>';
     // 事件处理及更新
    updateDataTransfer();
    oldThis.style.borderColor = "#ccc";
  }, 500);
  return false;
});
```

该例通过 dragstart→dragenter→dragover→drop→dragend 整个流程的应用，清晰完整地介绍了图片拖放的整个过程。

7.6　习题

1. 选择题

（1）以下浏览器对拖放动作不支持的是（　　）。

A. Internet explorer　　B. opera　　C. Safari　　D. 搜狗

（2）一个完整的拖放动作过程是（　　）。

A. drop→dragenter→dragover→dragstart→dragend

B. dragstart→dragover→dragenter→drop→dragend

C. dragstart→dragenter→dragover→drop→dragend

D. dragover→dragenter→dragstart→drop→dragend

（3）拖放过程中，作用在被拖放元素上的动作是（　　）。

A. ondragover　　B. ondrop　　C. ondragenter　　D. ondragstart

2. 简答题

（1）拖放元素所触发的 MOUSE 事件主要包括哪些方面？

（2）如何阻止默认事件的触发，需在 ondragover 触发时如何控制？

（3）自己动手做一个简单的图片拖放的程序，并熟悉 dragstart→dragenter→dragover→drop→dragend 的整个过程。

第8章 综合案例

本章要点

- HTML5+CSS3 布局设计
- 运用所学知识实现技能的迁移
- 设计各种 HTML5 网页

8.1 网页制作的流程

1. 需求分析

网页制作的第一步是对该网页进行需求分析，一般包含以下几步。

1）网页的设计目标及面向的用户群：不同的网页面向的用户是不同的，在设计之前要考虑用户的年龄、性别、浏览习惯、社会地位等诸多因素。如设计一个旅游网页就要以大量精美的图片和少量的文字吸引浏览者。

2）网页的主题与风格：每一个网页的主题都是不同的，常见的有新闻类网页、科技产品类网页、旅游观光类网页、家居购物类网页、学校科研类网页等。在设计时要根据不同的网页选择不同的制作风格。如新闻类网页的风格就要大气、美观、页面简洁，并且在设计中要以文字为主，再配上图片辅助说明。

3）网页的布局方式：网页的布局方式会直接影响用户的浏览效果，合理的网页布局会让人有眼前一亮的感觉。常见的布局方式有左右结构、上中下结构、“国”字形结构等，每一种结构都可以对应不同的网页布局。如图 8-1 所示为网页布局中常见的左中右结构布局。

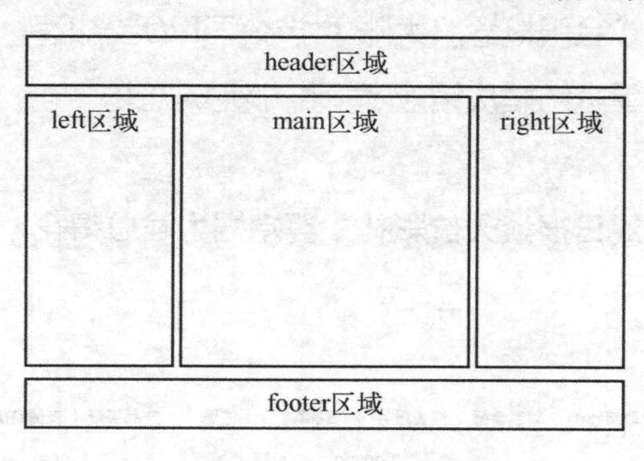

图 8-1　左中右布局方式

左中右布局方式把网页的主体部分分为了 3 个区域，其中 left 区域一般是导航区域，main 区域一般是正文部分，right 区域一般是附加信息区域，该区域也可以忽略。此外，header 区域是网页中的标题栏，footer 区域区域是网页中的页脚部分。

4）网页的运行环境：网页的运行环境指该网页一般运行在什么操作系统中，如 Windows 系统或者是 Linux 系统中。

2. 设计与实施

在对网页进行了需求分析后，就可以制作该页面。用 HTML5 书写网页的页面布局元素，用 CSS3 对网页的元素进行定位与排版，以确保页面的美观和整洁，并用响应式布局设计模式以保证该页面可以在移动端打开运行。

3. 网页的美化

设计完成后应当对该页面进行美化。在对页面进行修饰时，需要考虑该页面的字体大小和配色方案。页面的字体应当大小适中，并能适应各种浏览器的需求。页面的配色应当美观、适用，如红色代表着热情与奔放，一般用在新闻类网页中；蓝色代表着冷静与智慧，一般用在科技类网页中，并且在一张页面中颜色的使用不要超过 3 种。

通过以上几个步骤制作出来的网页才能真正地吸引浏览者。

8.2 新闻网站的制作

用 HTML5+CSS3 制作新闻网页界面，在浏览器中的显示如图 8-2 所示。

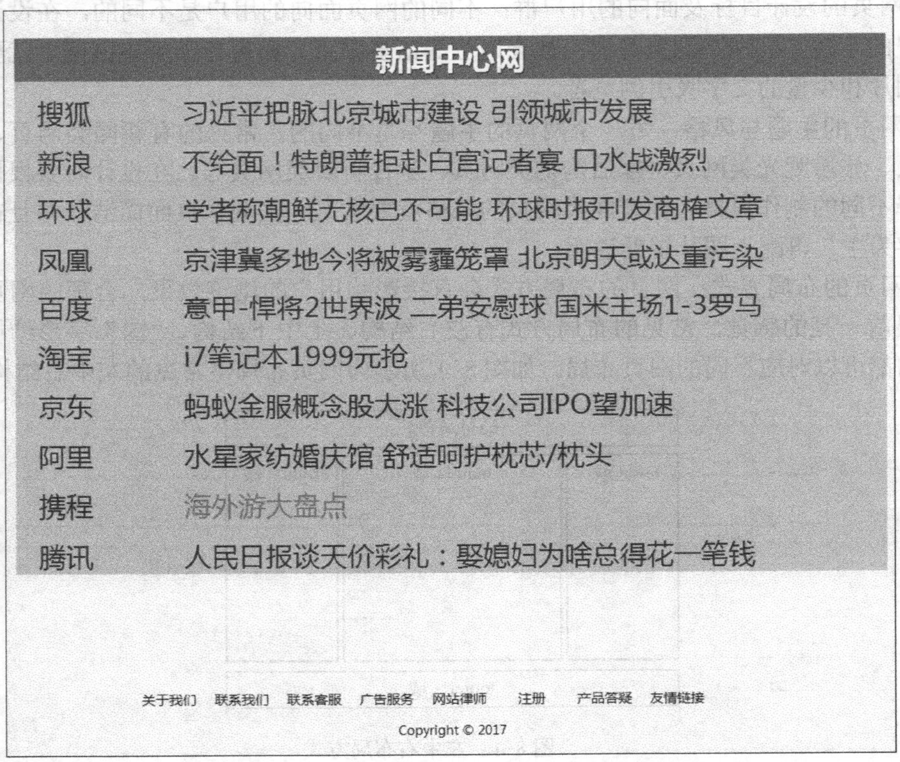

图 8-2 新闻网界面

该例使用 HTML5 和 CSS3 制作一个新闻网的界面。主要区域分为 3 个部分：头部为新闻网的标题部分，中间为新闻网的主体内容，尾部为新闻网的导航接连部分。该页面背景颜色用粉红色，文字部分用黑色，较为吸引浏览者的注意力。

该网页布局如图 8-3 所示。

从图中可以看出，该页面分为了 3 个区域：网页标题栏、网页主体部分和网页页脚部分，分别用标记<main>、<section>和<footer>来表示。

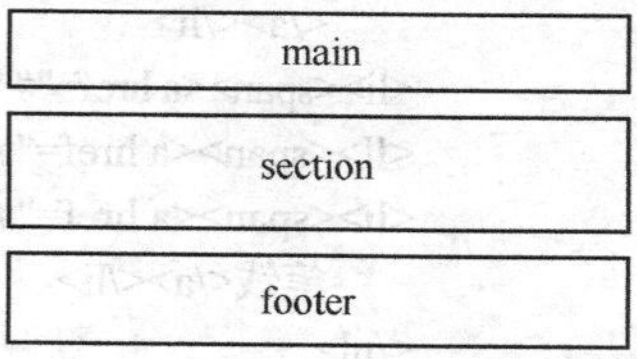

main

section

footer

图 8-3　页面布局

1. HTML5 代码部分

（1）网页头部介绍

HTML5<head>区域代码如下：

```
<!DOCTYPE html>
<html>
<head>
<meta http-equiv="Content-Type" content="text/html; charset=UTF-8" />
<meta name="publishid" content="1148026.0.99.0" />
<title>新闻中心网</title>
<meta name="viewport" content="width=device-width, initial-scale=1.0, minimum-scale=1.0,
    maximum-scale=1.0" />          /*媒体查询，自适应屏幕大小*/
<meta content="telephone=no" name="format-detection" />
<meta name="keywords" content="新闻中心网" />
<meta name="description" content="中国热点新闻" />
<link href="css/common.css" rel="stylesheet" type="text/css" />
<link href="css/main.css" rel="stylesheet" type="text/css" />
</head>
```

头部包含两个样式表 common.css 和 main.css。

（2）主内容区域介绍

网页头部内容代码如下：

```
<body>
<div id="main">
<header class="h1">
<a href="#"><h1>新闻中心网</h1> </a>
</header>
```

定义了网页头部区域以及新闻标题文字“新闻中心网”。其中语句<div id="main"> 用来定义整个页面的显示效果，语句<header class="h1">定义页面的头部文字内容。

网页主体内容代码如下：

```
<section class="ls">
<div class="list">
<ul>
<li><span><a href="#">搜狐 </a></span><a href="#">习近平把脉北京城市建设 引领城市发展
    </a></li>
<li><span><a href="#">新浪 </a></span><a href="#">不给面！特朗普拒赴白宫记者宴 口水战激
    烈</a></li>
<li><span><a href="#">环球 </a></span><a href="#">学者称朝鲜无核已不可能 环球时报刊发商
    榷文章</a></li>
<li><span><a href="#">凤凰 </a></span><a href="#">京津冀多地今将被雾霾笼罩 北京明天或达
    重污染</a></li>
```

```
<li><span><a href="#">百度 </a></span><a href="#">意甲-悍将 2 世界波 二弟安慰球 国米主场
    1-3 罗马</a></li>
<li><span><a href="#">淘宝 </a></span><a href="#">i7 笔记本 1999 元抢</a></li>
<li><span><a href="#">京东 </a></span><a href="#">蚂蚁金服概念股大涨 科技公司 IPO 望加速
    </a></li>
<li><span><a href="#">阿里 </a></span><a href="#">水星家纺婚庆馆 舒适呵护枕芯/枕头 </a></li>
<li><span><a href="#">携程 </a></span><a href="#">海外游大盘点</a></li>
<li><span><a href="#">腾讯 </a></span><a href="#">人民日报谈天价彩礼：娶媳妇为啥总得花一
    笔钱</a></li>
</ul>
</div>
</section>
```

通过定义<section>描述整个页面的主体内容。每一行文字内容用列表形式<ul>来制作，并对文字加入超链接。

网页页脚部分代码如下：

```
<footer class="Foot">
<ul class="link">
<li><a href="#">关于我们</a></li>
<li><a href="#">联系我们</a></li>
<li><a href="#">联系客服</a></li>
<li><a href="#">广告服务</a></li>
<li><a href="#">网站律师</a></li>
<li><a href="#">注册</a></li>
<li><a href="#">产品答疑</a></li>
<li><a href="#">友情链接</a></li>
</ul>
</footer>
<div class="foo">
Copyright &copy; 2017
</div>
</body>
</html>
```

页脚定义区域<footer>，同样用<ul>制作导航。页脚部分包含了两个区域，分别是<ul class="link">和<div class="foo">。

2. CSS3 代码部分

1）common 部分 CSS3 代码如下：

```
body {
font-size: 17px;
font-family: "微软雅黑";
color: #444;
line-height: 150%;
background: #f8f8f8;
-webkit-text-size-adjust: none;
min-width: 320px;
}
```

```
h1,h2,h3,h4,h5,h6, strong, em {
font-size: 100%;
}
ul,ol,li {    /*去掉列表前面的原点*/
list-style: none;
}
a { /*去掉超链接的样式*/
text-decoration: none;
color: #333;
}
a:active,a:focus {
color: #000;
  text-decoration: none;
}
a:active {
color: #9e9e9e;
}
a:hover { /*设置鼠标移动到链接上的颜色*/
color: #3c93f5;
}
```

该部分代码主要实现网页中的基础设置，包含网页的 body 主体部分、文字大小、超链接样式以及列表的样式改变。

2）main 部分代码如下：

```
#main {     /*页面样式，背景设置为粉红，宽度为 50%，距离顶端 40 像素*/
overflow: hidden;
margin: 0 auto;
width: 50%;
background-color:pink;
margin-top:40px;
}
hader {   /*设置标题栏背景为红色*/
background-color:red
}
header h1 {   /*设置标题栏文字效果*/
line-height: 49px;    /*设置行高*/
font-size:33px;
color: white;
text-align: center;    /*设置标题栏文字居中*/
 text-shadow: 1px 1px 1px #064981      /*设置标题栏文字阴影*/
}
```

正文主体部分代码如下：

```
.list {
font-size: 16px;
display: -webkit-box;
float: left;
```

```
  width: 100%
}
.list ul {
  width: 100%;
  margin: 0 auto;
  text-align: center
  }
.list li span {    /*设置左侧文字效果*/
    float:left;
    font-size:30px;
    width: 160px;
    line-height: 38px;
    color: black;
    text-align: center
    padding-right:70px;
    padding-left:0px;
}
.list li {    /*设置右侧文字效果*/
    float: right;
    -webkit-box-flex: 1;
    text-align: left;
    border-bottom: 1px dashed #d6d6d6;
    display: block;
    padding-left: 10px;
  padding-top:17px;
    width: 100%
}
.list li a {    /*设置链接中的效果*/
    text-align: center;
    padding-left:25px;
    padding-right:90px;
    line-height: 38px;
  font-size:30px;
}
```

页脚代码如下：

```
.Foot {        /*设置页脚大小及边距*/
  margin-left:600px;
    padding: 8px;
    padding-top: 120px;
    color: #666;
    max-width: 800px
  }
.Foot a {        /*设置页脚文字链接效果*/
    color:black;
    text-decoration: none
  }
.Foot a:hover {
    color:red;
```

```
}
.Foot .link li {   /*设置页脚文字大小及样式*/
    width: 10%;
    float: left;
    font-size: 15px;
    padding: 10px 0;
    box-sizing: border-box;
    -webkit-box-sizing: border-box;
    text-align: center;
}
.Foot .link li a {   /*显示为区块*/
    display: block
}
.foo {
    width: 20%;     /*设置百分比宽度*/
    text-align: center;
    color: black;
    font-size:14px;
    margin: 0 auto;   /*居中*/
    padding-top:30px; /*上内边距 30px*/
}
```

8.3 购物网站的制作

用 HTML5+CSS3 制作新闻网页界面，如图 8-4 所示。

图 8-4　购物网站界面

该例使用 HTML5 和 CSS3 制作一个购物网站的界面。主要区域分为 3 个部分：头部为购物网的标题部分，中间为购物网的主体内容，尾部为购物网的导航接连部分。该页面的背景颜色为白色，图片中的文字介绍用黄底黑字，清晰大方。

该网页布局如图 8-5 所示。

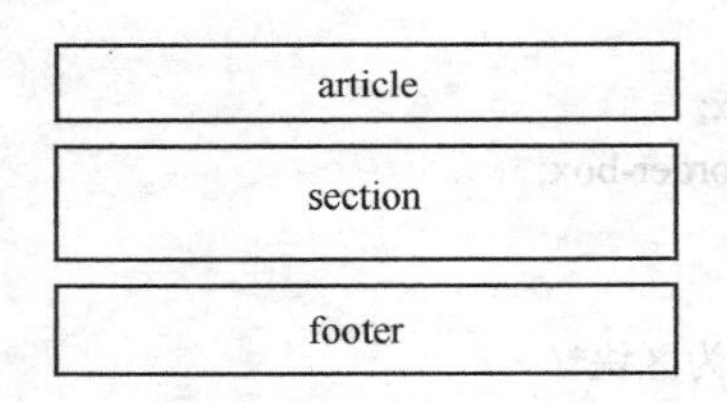

图 8-5　页面布局

从图中可以看出，该页面被分为了 3 个区域：网页标题栏、网页主体部分和网页页脚部分，分别用标记< article>、<section>和<footer>来表示。

1. HTML5 代码部分

（1）网页头部介绍

HTML5<head>区域代码如下：

```
<head>
  <meta http-equiv="Content-Type" content="text/html; charset=UTF-8" />
  <meta name="viewport" content="width=device-width,minimum-scale=1.0,maximum-scale=1.0,user-
      scalable=no,minimal-ui" />
  <meta name="copyright" content="Copyright (c) 2006-2013." />
  <meta name="apple-mobile-web-app-capable" content="no" />
  <meta name="apple-mobile-web-app-status-bar-style" content="black" />
  <meta name="format-detection" content="telephone=no" />
  <meta name="format-detection" content="address=no" />
  <title>最佳购物</title>
  <meta name="description" content="购物更舒畅！" />
  <meta name="keywords" content="最佳购物" />
  <link href="css/common.css" rel="stylesheet" type="text/css" />
  <link href="css/main.css" rel="stylesheet" type="text/css" />
</head>
```

该区域使用了媒体查询技术，并连接了两个样式表文件，分别是 common.css 和 main.css。

（2）主内容区域介绍

网页头部代码如下：

```
<article class="q">
<a href="#"><h1 class="w"> 最佳购物 总有你想不到的低价 </h1></a>
</article>
```

该区域用< article >标记实现，并命名为“q”。

网页主体内容代码如下：

```
<section class="mdd_con">
```

```
<div class="mdd_box">
  <div class="slider-wrapper">
    <ul class="mdd_silde">
      <li><a href="#"><img    src="images/1.jpg"/><span>萌宝</span></a></li>
    <li><a href="#"><img    src="images/3.jpg"/><span>好货</span></a></li>
  <li><a href="#"><img    src="images/4.jpg"/><span>经典</span></a></li>
<li><a href="#"><img " src="images/4.jpg"/><span>正品</span></a></li>
<li><a href="#"><img " src="images/5.jpg"/><span>实惠</span></a></li>
    </ul>
  </div>
</div>
</section>
<section class="al">
<ul>
<li><a href="#"><span class="b"> 瞬吸干爽婴儿纸尿裤</span><span class="c">美的变频滚筒洗衣机</span><span class="d">平板电脑 9.7 英寸</span><span class="e"> iPhone6s32G </span><span class="f">清风抽纸 原木纯品</span></a></li>
</ul>
<ul>
</section>
 <section class="mdd_con">
   <div class="mdd_box">
    <div class="slider-wrapper">
     <ul class="mdd_silde">
       <li><a href="#"><img    src="images/6.jpg"/><span>好货</span></a></li>
    <li><a href="#"><img    src="images/7.jpg"/><span>优惠</span></a></li>
 <li><a href="#"><img    src="images/8.jpg"/><span>热卖</span></a></li>
<li><a href="#"><img " src="images/9.jpg"/><span>绝品</span></a></li>
<li><a href="#"><img " src="images/10.jpg"/><span>划算</span></a></li>
     </ul>
    </div>
</div>
</section>
<section class="al">
<ul>
<li><a href="#"><span class="b"> 雷蛇二合一笔记本</span><span class="c">成人用品震动牙刷</span><span class="d">三星智能显示器</span><span class="e">美的不锈钢电饭煲 </span><span class="f">微软平板电视</span></a></li>
</ul>
<ul>
</section>
```

该区域用<section>标记实现，并命名为“mdd_con”，用<ul>列表制作显示其中的图片及图中文字。语句“<li><a href="#"><img src="images/1.jpg"/><span>萌宝</span></a></li>”中<img src="images/1.jpg"/>用来显示每一个图片，<span>萌宝</span>用来显示图片中的文字。

语句<section class="al">制作该图片下方的文字描述部分，该部分同样使用<ul>列表实现。

语句“<li><a href="#"><span class="b"> 瞬吸干爽婴儿纸尿裤</span><span class="c">美的变频滚筒洗衣机</span><span class="d">平板电脑 9.7 英寸</span><span class="e"> iPhone6s32G </span><span class="f">清风抽纸 原木纯品</span></a></li>”，具体地实现了该部分的文字及文字的排列。

网页页脚部分代码：

```
<footer class="Foot">
  <ul class="link">
  <li><a href="#">关于我们</a></li>
  <li><a href="#">联系我们</a></li>
  <li><a href="#">联系客服</a></li>
  <li><a href="#">合作招商</a></li>
  <li><a href="#">京东服务</a></li>
  <li><a href="#">营销中心</a></li>
  <li><a href="#">手机服务</a></li>
  <li><a href="#">友情链接</a></li>
  <li><a href="#">购物社区</a></li>
  </ul>
  </footer>
```

该区域用<footer>实现功能，也是用<ul>及其中的<li>列表项制作。

2. CSS3 代码部分

1）common 部分 CSS3 代码如下：

```
body,ul,p,h1,h2,h3,dl,dt,dd,li,input,textarea,button {
 margin: 0;
 padding: 0;
 word-break: break-all
}

body {
 text-align: left;
 font-family: Arial,Helvetica,sans-serif;
 background-color: #FFF;
 font-size-adjust: none;
 -webkit-text-size-adjust: none
}

ul,li,dl,dt,dd {
 list-style: none
}

a,a:visited {
 text-decoration: none;
 color: #666;
 outline: 0
}

input,textarea {
 -webkit-appearance: none;
 -webkit-border-radius: 0
}
```

```
ul,li,dl,dt,dd {
  list-style: none
}

em,i {
  font-style: normal
}

img {
  vertical-align: middle
}
```

该样式表主要实现网页中的基础设置，包含网页边距、正文文字大小、超链接设置、文本标签设置以及列表设置等。

2）main 部分代码如下：

标题部分 CSS3 设置代码：

```
.q{
   margin-top:20px;
   margin-left:700px;
   width:60%;
}

.q .w{
   height: 70px;
   padding: 2px 6px ;
   line-height: 70px;
   font-size: 40px;
   color: white;
   position: absolute;
   background:red;
   border-radius:15px;
 }
```

其中，.q 部分用来设置标题区域的大小及页边距；.q .w 部分用来设置标题栏目中的文字显示效果，包含文字颜色、文字背景颜色、该区域的外边框显示、文字大小等。

图像部分代码实现：

```
.slider-wrapper {
   width:55%;
   margin:0 auto;
   padding-top:120px;
 }

.mdd_silde {
   overflow: hidden;
   margin-top: 10px;
   overflow: hidden
```

```
}

.mdd_silde li {
    float:left;
    width:20%;
    overflow: hidden;
    white-space: nowrap;
    position: relative
}

.mdd_silde li a {
    display: block;
    padding-right:5px
}

.mdd_silde img {
    width: 100%
}
```

其中，.slider-wrapper 设置了图像的宽度及图像的上外边距，.mdd_silde li 设置了每一个图像的宽度及浮动效果。语句 width:20%;表示每一个图像占位宽度为 20%，因此该页面可以排列 5 张图像。

图中文字的设置：

```
.mdd_silde span {
  height: 30px;
  padding: 3px 6px;
  line-height: 30px;
  font-size: 13px;
  color: blue;
  position: absolute;
  left: 10px;
  bottom:120px;
  background:yellow;
}
```

该语句设置了图中文字的大小、内边距、文字颜色、文字位置等属性。其中语句 left: 10px; bottom:120px;设置了文字的左右及上下的位置，用 position: absolute;绝对定位来实现。

图像下方的文字说明部分代码：

```
.fia{
    left:3%;
    position:relative;
}

.fia li{
    float:left;
    width:20%;
```

```
    overflow: hidden;
    white-space: nowrap;
    position: relative;
    font-size:12px;
  }

  .fia li a {
    display: block;
    padding-right:30px
  }
```

语句.fia 设置文字的左边距，.fia li 设置各段文字的排列。

网页的页脚部分代码：

```
  .Foot {
    margin:0 auto;
    padding: 8px;
    padding-top: 120px;
    color: #666;
    max-width: 800px
  }

  .Foot a {
   color:black;
   text-decoration: none
  }

  .Foot a:hover {
   color:red;
  }

  .Foot .link li {
   width: 10%;
   float: left;
   font-size: 15px;
   padding: 10px 0;
   box-sizing: border-box;
   -webkit-box-sizing: border-box;
   text-align: center
  }

  .Foot .link li a {
   display: block
  }
```

语句.Foot 设置页脚部分的内外边距及页脚部分大小。

语句.Foot a 设置页脚部分的文字颜色及去除文字的链接样式下画线。

语句.Foot a:hover 设置当鼠标移动到文字上时的颜色变化。

语句.Foot .link li 设置页脚里每个文本的大小及浮动效果。
语句.Foot .link li a 设置每个文本为一个区块显示。

8.4 旅游网站的制作

用 HTML5+CSS3 制作旅游类网页界面，如图 8-6 所示。

图 8-6 旅游网界面

网页布局如图 8-7 所示。

section
section

图 8-7 旅游网布局

该页面主要分为两个区域，页面上方的文字介绍区域和页面中间的图像区域，使用标记<section>来表示。

1. HTML5 代码部分

（1）网页头部介绍

HTML5<head>区域代码如下：

```
<head>
<meta http-equiv="Content-Type" content="text/html; charset=UTF-8" />
<meta name="viewport" content="width=device-width,minimum-scale=1.0,maximum-scale=1.0,user-
    scalable=no,minimal-ui" />
<meta name="copyright" content="Copyright (c) 2008-2016" />
<meta name="apple-mobile-web-app-capable" content="no" />
<meta name="apple-mobile-web-app-status-bar-style" content="black" />
<meta name="format-detection" content="telephone=no" />
<meta name="format-detection" content="address=no" />
```

```
<title>旅游精选</title>
<meta name="description" content="国内外最佳旅游" />
<meta name="keywords" content="旅游攻略" />
<link href="css/common.css" rel="stylesheet" type="text/css" />
<link href="css/main.css" rel="stylesheet" type="text/css" />
</head>
```

该头部区域链接了两个样式表，分别是 common.css 文件和 main.css 文件。

（2）主内容区域介绍

网页头部代码如下：

```
<section class="hea">
<ul class="link">
<li><a href="#"><span class="b">国内</span></a></li>
<li><a href="#">目的地</a></li>
<li><a href="#">旅游攻略</a></li>
<li><a href="#">酒店</a></li>
<li><a href="#">社区</a></li>
</ul>
</section>
```

该区域用标记<section>实现，用<ul>作为显示的方式，并对文字“国内”用<span class="b">作了设置。

网页主体内容代码如下：

```
<section class="mdd_con">
<div class="mdd_box">
<div class="slider-wrapper">
<ul class="mdd_silde">
<li><a href="#"><img   src="images/1.jpg" width="250" height="250"/><span>故宫
  </span></a></li>
<li><a href="#"><img   src="images/2.jpg" width="250" height="250"/><span>长白山
  </span></a></li>
<li><a href="#"><img   src="images/3.jpg" width="250" height="250"/><span>九寨沟
  </span></a></li>
<li><a href="#"><img   src="images/4.jpg" width="250" height="250"/><span>黄山</span></a></li>
<li><a href="#"><img   src="images/5.jpg" width="250" height="250"/><span>西湖</span></a></li>
</ul>
</div>
<section class="al">
<ul>
<li><a  href="#"><span  class="b">北京故宫是中国明清两代的皇家宫殿，旧称为紫禁城
</span><span  class="c">长白山脉位于吉林省是松花江、图们江和鸭绿江</span><span class="d">九寨
沟，因沟内有九个藏族寨子而得名</span><span  class="e">黄山是世界文化与自然双重遗产，世界地质
公园</span><span class="f">西湖位于浙江省杭州市西面，</span></a></li>
<li><a  href="#"><span  class="b">位于北京中轴线的中心，是中国古代宫廷建筑之精华
</span><span class="c">的发源地。是中国满族的发祥地和满族文化圣山</span><span class="d">它是中
国最美的水景，美丽的童话世界</span><span  class="e">国家 AAAAA 级旅游景区，国家级风景名胜区
</span><span class="f">是中国大陆主要的观赏性淡水湖泊之一</span></a></li>
```

```
<li><a href="#"><span class="b">北京故宫以三大殿为中心，占地总面积约 72 万平方米</span><span class="c">长白山区域 1964 平方千米，核心区 758 平方千米</span><span class="d">九寨沟位于四川省阿坝藏族羌族自治州</span><span class="e">黄山原名“黟山”，因峰岩青黑，遥望苍黛而名</span><span class="f">西湖三面环山，面积约 6.39 平方千米 </span></a></li>
  </ul>
  </section>
  <section class="mdd_con1">
  <div class="mdd_box">
    <div class="slider-wrapper1">
     <ul class="mdd_silde">
     <li><a href="#"><img src="images/7.jpg" width="250" height="250"/><span> 泰 山 </span></a></li>
     <li><a href="#"><img src="images/8.jpg" width="250" height="250"/><span> 颐 和 园 </span></a></li>
    <li><a href="#"><img src="images/9.jpg" width="250" height="250"/><span> 丽 江 </span></a></li>
   <li><a href="#"><img src="images/10.jpg" width="250" height="250"/><span> 婺 源 </span></a></li>
   <li><a href="#"><img src="images/11.jpg" width="250" height="250"/><span> 阳 朔 </span></a></li>
    </ul>
    </div>
  <section class="al">
  <ul>
  <li><a href="#"><span class="b">泰山又名岱山、岱宗、东岳、泰岳，位于山东中部</span><span class="c">颐和园，中国清朝时期皇家园林，前身为清漪园</span><span class="d">丽江市位于云南西北部与青藏高原的衔接处</span><span class="e">婺源县位于江西东北部，赣、浙、皖三省交界处</span><span class="f">阳朔县，隶属于广西壮族自治区桂林市</span></a></li>
  <li><a href="#"><span class="b">隶属于泰安市，绵亘于泰安、济南、淄博三市之间</span><span class="c">它是以昆明湖、万寿山为基址，以杭州西湖为蓝本</span><span class="d">丽江属于高原型西南季风气候，气温偏低</span><span class="e">代表文化是徽文化，素有“书乡”“茶乡”之称</span><span class="f">全县总面积 1428 平方公里，有耕地 2 万公顷</span>
 </a></li>
  <li><a href="#"><span class="b">泰山是中华民族的象征，更是灿烂东方文化的缩影</span><span class="c">被誉为“皇家园林博物馆”，也是国家重点旅游景点</span><span
 class="d">丽江的药材资源及其他生物资源丰富</span><span class="e">是全国著名文化与生态旅游县，被誉为“中国最美乡村“</span><span class="f">阳朔县拥有漓江景区、《印象·刘三姐》</span>
  </a></li>
  </ul>
  </section>
```

该区域用<section>标记实现，并根据上下两行分别命名为 mdd_con 及 mdd_con1；图中的文字用<span>标记来命名；图下方的文字介绍用<section class="al">来命名。

2. CSS3 代码部分

1）网页头部文字设置：

```
.hea {
```

```
  margin-left:450px;
  padding: 8px;
  padding-top: 40px;
  color: #666;
  max-width: 900px
}

.hea  a {
  color:black;
  text-decoration: none;
}

.hea a:hover {
  color:darkorange;
}
.hea .link li {
  width: 16%;
  float: left;
  font-size: 30px;
  padding: 10px 0;
  box-sizing: border-box;
  -webkit-box-sizing: border-box;
  text-align: center
}

.hea .link li a {
  display: block
}

.hea .link li .b {
  padding-bottom:20px;
  font-size: 45px;
}
```

语句.hea 设置网页头部区域的内外边距及文字颜色。

语句.hea a 设置网页头部区域的文字链接效果。

语句.hea a:hover 设置网页头部区域当鼠标移动至文字上时的颜色变化。

语句.hea .link li 设置网页头部区域的文字排列效果。

语句.hea .link li .b 设置网页头部区域的首文字“国内”的效果。

2）网页正文主体样式代码如下：

```
.slider-wrapper {
    padding-top:80px;
    padding-left:25px;
}
.slider-wrapper1 {
    padding-top:20px;
    padding-left:25px;
```

```
}

.mdd_silde {
  overflow: hidden;
  margin-top: 10px;
  overflow: hidden
}

.mdd_silde li {
  float:left;
  width:20%;
  overflow: hidden;
  white-space: nowrap;
  position: relative
}

.mdd_silde li a {
  display: block;
  padding-right:3px
}

.mdd_silde img {
  width: 100%
}

.mdd_silde span {
  height: 30px;
  padding: 3px 6px;
  line-height: 30px;
  font-size: 13px;
  color: red;
  position: absolute;
  left: 10px;
  bottom:120px;
}

.al{
  padding-left:2%;
}

.al li{
  float:left;
  width:20%;
  overflow: hidden;
  white-space: nowrap;
  position: relative
  padding-right:50px;
}
```

```
.al li a {
    display: block;
    padding-right:30px
}
.pl{
    padding-left:2%;
}

.pl li{
    float:left;
    width:20%;
    overflow: hidden;
    white-space: nowrap;
    position: relative
    padding-right:50px;
}
.pl a{
    color:red;
}
.pl li a {
    display: block;
    padding-right:30px
}
```

语句.slider-wrapper 设置网页主体图像区域的第 1 行图像内外边距。

语句.slider-wrapper1 设置网页主体图像区域的的第 2 行图像内外边距。

语句.slider-wrapper2 设置网页主体图像区域的的第 3 行图像内外边距。

语句.mdd_silde li 设置网页主体图像区域的图像排列及宽度。

语句.mdd_silde span 设置网页主体图像区域的图中文字显示效果。

语句.al 和.pl 设置网页主体图像区域下方的文字效果。

练一练

制作一个手机版的新闻网页并运行显示。

练一练

制作一个手机版的旅购物网页并运行显示。

练一练

制作一个手机版的百度页面并运行显示。

参考文献

[1] 陈承欢. 跨平台的移动 Web 开发实战[M]. 北京：人民邮电出版社，2016.

[2] 姬莉霞. HTML5+CSS3 网页设计案例教程[M]. 北京：科学出版社，2015.

[3] 周文洁. HTML5 网页前端设计实战[M]. 北京：清华大学出版社，2017.

[4] 莫振杰. HTML5 与 CSS 基础教程[M]. 北京：人民邮电出版社，2017.

[5] 明日科技. HTML5 从入门到精通[M]. 北京：清华大学出版社，2015.